U0526647

宠物的世界 只有你

To Your Pet
You Are the World

陪伴中的身心共愈之旅

李浩源 ◎ 著

民主与建设出版社
·北京·

© 民主与建设出版社，2025

图书在版编目（CIP）数据

宠物的世界只有你：陪伴中的身心共愈之旅 ／ 李浩源著. -- 北京：民主与建设出版社，2025. 2. -- ISBN 978-7-5139-4863-0

Ⅰ . TS976.38；R395.6

中国国家版本馆 CIP 数据核字第 2025AY0047 号

宠物的世界只有你：陪伴中的身心共愈之旅
CHONGWU DE SHIJIE ZHIYOU NI: PEIBAN ZHONG DE SHENXIN GONGYU ZHI LÜ

著　　者	李浩源
责任编辑	刘树民
封面设计	周　琼
出版发行	民主与建设出版社有限责任公司
电　　话	（010）59417749　59419778
社　　址	北京市朝阳区宏泰东街远洋万和南区伍号公馆 4 层
邮　　编	100102
印　　刷	文畅阁印刷有限公司
版　　次	2025 年 2 月第 1 版
印　　次	2025 年 6 月第 1 次印刷
开　　本	880 毫米 ×1230 毫米　1/32
印　　张	8.5
字　　数	190 千字
书　　号	ISBN 978-7-5139-4863-0
定　　价	68.00 元

注：如有印、装质量问题，请与出版社联系。

因为它的世界只有你

　　我们无法选择生命的起点，也无法预知终点。但在有限的旅途中，我们总会与某个小生命不期而遇。也许是在一个雨夜的纸箱里，也许是在领养平台的一则通知里，也许是来自朋友的转送，又或许，只是在你最需陪伴、却未曾察觉的某一日，它悄悄地走进了你的生活。从它望向你的那一刻起，你的世界多了一份牵挂，而它的世界，也只剩下你。

　　这本书，写给每一个曾被一只动物温柔以待的人。

　　在多年心理咨询与动物救助的经历中，我遇见了许多因为宠物而被疗愈的人，也见过因它们的离去而彻底崩溃的灵魂。他们的故事真实、动人，有时甚至带着撕裂的痛感，却也因为一份小小生命的信任与陪伴，而重新与世界建立连接。

　　这些年，我也在不断思考一个问题：为什么那么多人的心，会因为一只动物而变得柔软？

也许，是因为它们不质疑你的脆弱，不评判你的崩溃，也不需要你先成为一个"更好的人"才能被爱。它们只是静静地陪伴你、注视你、接纳你——在不说一句话的当下，就已经完整地允许你如其所是。而正是这份"在场"，让我们在与它们的关系中，悄然体验到一种被理解、被需要、被信任的安心感。也正是在这种安静而坚定的回应中，我们学会了放下自我审判，重新找回那份"被看见"和"被接住"的底气与温柔。从心理学角度看，这正是"无条件接纳"的力量所在。

更深层的打动，来自它们身上流露出的某种生命的智慧。例如猫从不讨好谁，也不刻意迎合世界。它们懂得独处，活在当下，忠于本能，安于边界。在它安静注视你的时刻，你仿佛也被提醒：人生不必汲汲于外界期待，真正的力量，是在不慌不忙中守住自己的节奏。它们用一种几近"超脱"的方式陪伴着我们，这是一种超越语言的"情绪共振"，也是一种生命的智慧。

因此，宠物的存在不仅是陪伴，更是一面镜子，一种投射，也是一场心灵旅程的起点。

本书从宠物这个柔软的入口出发，尝试将许多心理学中的复杂议题——依恋模式、创伤经验、投射机制、自我成长、原生家庭等，用更温暖、更通俗、更可感的方式娓娓道来。将艰涩的术语隐藏在柔软的叙述之后，把这些抽象的原理落地、落泪、落心。

这本书，不是关于"如何养宠物"的操作指南，而是一次带着温度的心灵探索：我们为何愿意为一只动物倾注如此深沉的情感？我们与它之间的连接，究竟反映了我们怎样的内在需求、未曾疗愈的伤口，甚至生命意义？

我们在宠物身上投注的爱，从不是轻巧的玩笑，它或许源于童年时未曾被回应的渴望，或许是一次亲密关系的重新练习，也可能，是对母性、父性、归属感的再一次试探。你对它的过度担忧，可能是想保护曾经未能保护的自己；你因它的离去而崩溃，那悲伤或许并不只属于这一次的告别；你把它视作"家人"，也可能是在努力重构一种你渴望却未曾完全拥有的连接。

而它，用一生回应你。

它或许不懂人类的语言，但它会在你哭泣时靠近你，用温热的身体贴在你怀里；你因失意迟迟徘徊，它就在门后静静等待；你质疑自己是否值得被爱，它用一双清澈的眼睛告诉你："你值得。"

所以，我写下这些文字，只为在你最需要被理解的某一刻，轻轻陪你坐一会儿，说一句："我懂。"

懂你因它病重而辗转难眠，懂你因它离去而心如塌陷，懂你因它的懂事而眼眶发红，也懂你因未能给予更多陪伴而心生愧疚。我们拥有太多，而它的世界，只有我们。

我相信，在这本书的每一个片段里，你会看见那个更真实的自己——那个柔软、善感、努力去爱的你，也会在字里行间慢慢找到属于自己的成长节奏。

愿这本书不仅是一次温柔的陪伴，更是一段与自己和解的旅程。让你在宠物带来的日常点滴中，看见爱如何穿越伤痛，抚平缝隙，也理解了什么叫真正的接纳。

愿你在被这份依恋照亮的同时,也学会将温柔留给自己,带着这份爱,走得更坚定,也更自由。

终有一天,当你回望岁月,那些曾与你一同走过的毛孩子也许已不在身边,但它们曾给予的陪伴、信任与守护,早已融入你的血脉,成为你灵魂里最温暖、最有力量的一部分。

——谨以此书献给所有因宠物而更懂爱与生命的人,

也献给你,那个正在学习温柔爱人,也学着温柔爱自己的你。

目录 Contents

第一章 养宠物：我们的悠久传统　001

1.1 动物图腾与人类心理的交织　002
1.2 古人钟爱"聘狸奴"的传统习俗　006
1.3 现代流行文化中宠物形象的华丽转身　011

第二章 撸猫：按下情绪内耗的暂停键　015

2.1 抑郁症少女的治愈之旅：从遇见猫开始　016
2.2 从"玉玉"出发，疗愈伤痕　021
2.3 静观猫行，觉察相互尊重的边界感　026
2.4 宠物陪伴，重塑情感表达　031

第三章 养宠物后，从原生家庭走向内在安稳　039

3.1 人声与犬语间，回望来路　040
3.2 重男轻女观念下，原生家庭的困扰与觉醒　046

3.3　选择宠物，是选择一份自主的亲情关系　　051

　　3.4　构建新型家庭关系，重塑爱的定义　　056

第四章　闪烁的"星星"在宠物世界找到朋友　　061

　　4.1　为孤独症儿童打开通往外界的门扉　　062

　　4.2　与"星星"同行的人，也需要被照亮　　067

　　4.3　宠物给予的安全感和信任　　072

　　4.4　他们和它们，在彼此陪伴中学会靠近世界　　077

第五章　空巢不空心，宠物陪伴缓解亲密关系恐惧　　081

　　5.1　空巢青年与橘猫：一份孤独中的温暖陪伴　　082

　　5.2　害怕和他人建立亲密关系　　085

　　5.3　宠物的纯粹与真挚疗愈人心　　089

　　5.4　与其说在养猫，不如说在养一颗相信爱的心　　092

第六章　生命新希望，汪星人助失独老人生活重建　　095

　　6.1　失独老人的过度自责与认知扭曲　　096

　　6.2　宠物带来的温暖，驱散内心的恐惧与不安　　101

　　6.3　抗拒的背后，是对失去的恐惧　　106

　　6.4　重建生活目标，宠物成为前行的动力源泉　　111

第七章　在宠物陪伴下重新养一遍自己　　119

　　7.1　容貌焦虑引发的困惑与挣扎　　120

7.2　自我认同感缺失下的女性失权　　　　124

7.3　宠物无条件的爱与接纳，弥补社会支持的缺失　　128

7.4　打破容貌焦虑，重新养一遍自己　　　　134

第八章　如果只是在"拯救流浪狗"　　139

8.1　以爱的名义拯救流浪狗　　　　140

8.2　宠物救助中的完美父母角色的投射　　　146

8.3　重构童年经历，拯救内在小孩　　　　151

8.4　在悲伤之地，重建爱的能力　　　　157

第九章　宠物离世的情感成长与自我发现　　161

9.1　你曾来过，便不再只是宠物　　　　162

9.2　自我关怀的起点，是允许自己难过很久　　167

9.3　失宠之痛中的心理复原路径　　　　172

9.4　学会告别一段特殊的亲密关系　　　　177

9.5　不说再见，珍惜当下每一份情感与陪伴　　180

第十章　人与宠物依恋的双向影响　　185

10.1　香芋如何悄无声息地走进她的心　　　186

10.2　人宠之间的依恋关系：陪伴，是最长情的告白　　190

10.3　经历分离焦虑，共同完成自我成长　　196

10.4　看见投射在宠物身上的自己　　　　200

第十一章　文明养宠的规范与担当　　　205

　　11.1　宠物：社区冷漠的温情调和剂　　206
　　11.2　倡导文明养宠，担当尽责的"铲屎官"　　211
　　11.3　勤打疫苗，防范人畜共患病　　215
　　11.4　文明养宠法规的深思　　218

第十二章　爱宠同行者的深度对话　　　225

　　12.1　守护生命的动物保护志愿者　　226
　　12.2　一个用爱去创造生命奇迹的宠物医生　　230
　　12.3　在生命与废墟之间，她为万千动物托起希望　　236

结　语　宠物与爱：编织生命的温暖与智慧　　243
附录一：不可不知的宠物冷知识　　245
附录二：心理健康资源推荐　　251
附录三：构建和谐人宠生态的倡议　　258

第一章

养宠物：我们的悠久传统

1.1 动物图腾与人类心理的交织

孔子曰："智者乐水，仁者乐山。"我亦钟爱山水之乐。山以静养心，水以动养性，山的坚定与水的流动，引导我以谦卑之心去体悟生命的不断变化和成长。

在繁华的都市中，生活节奏总是急促而紧张的。本着劳逸结合的原则，我时常在忙碌之余抽出闲暇时光，约上三五知己好友一同走进大自然的怀抱，无论是攀登高峰、徜徉溪流，还是露营在苍穹繁星之下，都能让我从中找到片刻的宁静与放松。

夏至之后，蝉鸣声声，草木繁茂，清风徐来，温柔而缠绵，我们这次游玩的地方就选在了以幽静闻名的翠峰山。

有趣的是，这次一行四人中，有三位是宠物的主人。汪繁，这位28岁的青年才俊，不仅是萌宠俱乐部的主理人，还是一只边牧的主人，他给爱犬起名为汪雪。每每提及，我都戏称他们的名字像兄弟一样亲密。而我的闺密陆晶晶，是一位优秀的宠物医生，她的心头好是一只活泼好动的柴犬，名叫千岁。我则带着几年前收养的流浪猫，它叫福宝，是较少见的爱出门玩的淡定小猫。年纪最小的何淼，是一个职场新人，也是我的实习生。她虽然对我们在短途旅行时带着宠物的行为不太理解,但是她尊重我们的选择。

在旅途中,我们分享着彼此的近况,以及工作中的趣闻,当然聊的更多的还是关于宠物们的趣事。每当谈及这些,总能引发一阵阵欢笑,它们的存在是我们生活中不可或缺的一部分,为我们增添了无数欢乐和温馨。

翠峰山是道家圣地,山门古朴典雅,重檐式建筑上雕塑着各种神话人物和冲鸟兽,栩栩如生。山门上楹联书写着:"收八百景于目前,登卅六峰于顶上"。门前那对气势磅礴的石狮子守护着这座仙山。

何淼看着有人路过总要摸摸石狮子,便好奇地问我:"源姐,他们为什么要摸石狮子?是能增长运气吗?"

我正在为福宝调整猫绳,听到她的话便抬头看了一眼她和她身后的石狮子,笑道:"从建筑学的角度看,它们无疑是艺术的瑰宝,但在传统文化中,它们确实被赋予了辟邪的寓意。"

陆晶晶一听,急忙抱起千岁站在石狮子旁,催促汪繁道:"快,汪繁,帮我跟我家千岁合张影,希望千岁能健康长寿。"她和千岁相伴已有十二年之久,千岁在毛孩子的生命周期中无疑已是个高龄的老人了。这两年,千岁的身体状况逐渐下滑,即使陆晶晶作为专业的宠物医生,能够迅速提供必要的医疗援助,也无法抵挡岁月的无情侵蚀。她只是想用镜头记录下和千岁共同度过的每一个珍贵瞬间,为不得不面对的分别寻找心灵的慰藉。

我和汪繁交换了一个眼神,彼此心照不宣,开始积极地为她和千岁拍摄合影。

我们的旅行没有追求具体的目的,只是单纯地享受过程。我们给汪雪、千岁和福宝系上绳子，在山水间畅游，感受大自然的魅力。毛孩子们一路上追来嗅去，享受它们久违的自由。殊不知，我们在欣赏风景的时候，也成了别人眼中的独特风景。

作为"西蜀第一名山"的翠峰山，在盛夏时节更显清幽。我们一路拾级而上，欣赏着沿途的美景。当看到建福宫前的石狮子时，何淼忍不住调侃道："源姐，你刚才从建筑和传统文化领域讲了石狮子的作用，要不要从心理学角度再解读一下呀？"

何淼如同好奇宝宝般望着我，我笑着回应："从心理学的视角来看，摆放这两座石狮子的行为无疑是一种心理投射的体现了。众所周知，狮子是勇猛有力的猛兽，自古就是人们心中勇气和力量的化身。古代的人们把这种对力量和勇气的渴望投射到狮子图腾之上，通过认同或崇拜这种图腾来间接'获取'这些特质。随着时间的推移，对狮子特质崇拜的人越来越多，逐渐就形成了集体崇拜的态势。"我把福宝抱在怀里，继续说："当这种图腾的特质逐渐内化为人们自身的一部分时，就会深刻地影响他们的自我认知和自尊。而且，这是非常典型的补偿心理的表现，当个体在现实生活中感到无力或缺乏勇气时，他们就可能会借助狮子图腾来寻求心理上的慰藉和补偿。此外，狮子图腾也成了一种情感调节的工具，当一个人面对挑战时，能够激发其内在的勇气和力量，使人勇往直前。"

在一旁陪伴汪雪嬉戏的汪繁凑上前来，笑着说："我记得几年前有本畅销书《狼图腾》风靡一时，看得我深受震撼，狼不仅塑造了游牧民族坚韧不拔的性格，更是他们灵魂的塑造者。其中是不是就蕴含着你说的那种心理现象啊？"

我轻轻颔首，回应道："是的。狼图腾在某些文化中代表着社群的力量和忠诚的信仰。那些珍视团队精神与忠诚品质的人，往往会将这些崇高的价值观投射到狼图腾之上，以此来增强他们的社会身份和归属感，这是一种价值观内化的表现。游牧民族分散在草原各地，这种狼群精神，可以帮助他们建立一种群体文化认同，哪怕是一个人面对生活变化，也能保持对自己身份的稳定感知。"

何淼恍然大悟道："我明白了，就像在有些土著文化里，熊图腾承载了治愈和保护的力量。当一个人心灵陷入脆弱和不安时，就把内心的渴望与需求投射到威严而温厚的熊图腾上，寻求一份心灵的慰藉与庇护。"

我轻笑着赞叹："嘿，你触类旁通的能力很强嘛。"

"这都是师父您教导有方。"何淼打趣地回应。

我们在翠峰山的蜿蜒小径上漫步，享受着夏至的热烈与山间的清幽。喧嚣的都市噪音被抛诸脑后，我们仿佛置身于一片宁静的世外桃源，任由心灵在山水间自由徜徉。

当人和宠物都感到累的时候，我和陆晶晶就把各自的毛孩子放进了背包里。汪繁和我俩就形成鲜明对比，他的汪雪似乎拥有无穷无尽的活力，时常拖着汪繁四处奔跑，常常让"人遛狗"的场景戏剧性地转变成了"狗拉人"的有趣画面。我忍不住感慨，边牧的活力和耐力着实让人叹为观止。

1.2 古人钟爱"聘狸奴"的传统习俗

翠峰山的风景让人心旷神怡,一间古朴的茶室掩映在半山腰的翠绿之间,我们一致决定在此稍作休息。品尝着今春新采的绿茶,抬头仰望,天上流云飘荡,悠然自得;侧耳倾听,山涧溪水潺潺,林间鸟语清汤,大自然赋予的天籁之音洗涤着心灵的尘埃。

稍事休息后,我才缓缓道出此行的另一个目的:"其实,咱们这次游玩,除了欣赏自然美景之外,还有一个特别的安排——我要带你们认识一个有趣的朋友。"

三人一听,眼睛里都闪烁着好奇的光芒。

我边给他们添茶边说:"我这位朋友,他在翠峰山脚下创建了一个数字游民①的社区。他的理念非常超前,除了提倡享受自然、保护环境之外,最关键的是倡导社区可以养宠物。"

陆晶晶由衷地赞叹:"这个理念真是好啊。"

"就在前两天,他们发布了招募共建者的信息,我毫不犹豫地报了名。今晚,我们和毛孩子们即将入住这个基地,亲身感受它与众不同的魅力。"我略带兴奋地公布了这个好消息。

何淼正怀抱着福宝喂食猫条,眼神中充满了期待:"源姐,

---

① 数字游民(Digital Nomad)是指那些没有办公室等固定工作场所,利用互联网从事远程工作,在全球范围内移动生活的人群。

那我们赶快出发吧！"

我笑着摇摇头："别急啊，我们此行还有一项重要的任务。"

汪繁有些焦急，随手向我扔了一个瓜子壳："哎呀，你别卖关子了，快说吧！"可见他被边牧消耗的体力总算恢复了一些。

我躲开瓜子壳攻击，笑道："我们的任务，就是为这个社区提供宝贵的建议和支持。"

说完，我们一行四人三宠，便怀揣着满满的好奇心，踏入了归真数字游民公社的奇妙世界。主理人宋文翰是一位四十多岁的儒雅男士，迎接我们时穿着一身新式汉服。他是一位优秀的版画设计师，朋友们亲切地称呼他为老宋。

在老宋的热情引领下，我们参观了这座背靠翠峰山的公社。公社巧妙地把现代简约设计理念和古典建筑元素相结合，显得别具一格。

"我们社区里会聚了一群灵魂有趣的自由职业者，他们热爱传统文化和环境保护，对人和自然和谐相处、人和动物共生共荣的理念非常关注。"老宋向我们介绍道，"作为数字游民，他们可以在这里办公、社交。我们会不定期举办关于成长、环保、户外等的主题沙龙，还会发起'清洁山野'的活动，共同守护大自然的美丽。"

"听源源说你们这里也可以养宠物？"汪繁一边努力控制着汪雪不要乱跑，一边好奇地向老宋询问。

老宋笑着回答："对，这里除了最常见的猫狗以外，还有人养兔子、可达鸭，甚至冷血动物呢。他们一边工作一边养宠物，甚至还会互相照看。在这里，宠物是我们的朋友、家人，给我们的生活增添了很多乐趣。"

我们在参观的过程中陆续遇到了一些居住在这里的人，他们中有瑜伽资深爱好者、自媒体创业者、青年中医等，每个人都不急不躁地做着自己的事。

最吸引我们的是在人宠空间设计上的用心，这里有独立的猫咪和狗狗洗护间、宠物布草间，甚至还有迷你的宠物医疗保障间。民宿房间内还提供了宠物用的碗、零食、玩具、粘毛器等。足够大的自然环境能供宠物自由奔跑、嬉戏，穿梭在古老树木和摇曳的光影下，人与宠物共同享受着这份和谐与快乐。

诚然，并非所有人都热爱养宠物。因此，在建筑设计初期就把养宠与非养宠人群进行了分区，既满足了养宠物人士的需求，又维护了不养宠物的人的权益。

我和老宋坐在凉亭里，看着不远处的草坪上，汪繁正和汪雪在欢快地玩着飞盘。陆晶晶把她的"老年人"千岁交给何淼照看，自己则对宠物医疗保障间的设计和布局进行着仔细检查。

这时，老宋看了看手表说："我们公社有个小姑娘今天要聘狸奴，她邀请了一些好友参加。"

"聘狸奴？"我和何淼惊讶地看着他。

老宋笑着从兜里掏出一张手绘的请帖，解释道："看，这是请帖。走，我带你们一起去看看！"

"哇，竟然还有请帖呢！"何淼不可思议地感叹道。

我知道"宋朝人买猫不叫买猫，叫聘狸奴"的典故。福宝是在我大学时期捡到的一只流浪猫，当时它正经历难产而生命垂危，我便立即送它到医院抢救，之后就开始照顾它，它也自然而然地成了我的家庭一员。没想到，在这远离尘嚣的山野之间，还有人会为了一只猫这么费心。

第一章 养宠物：我们的悠久传统

听老宋说聘猫的小姑娘郑妍是个才华横溢的音乐创作者，她今天穿着一身桃花色新式汉服，手中拿着一个米色抽绳绢袋，迎接家庭新成员的喜悦笑容也感染了我们这群旁观者。

我们随着她欢快地来到社区外的一户农家院里，郑妍郑重其事地拿出一张"纳猫契"，双手递给了主家，言辞认真地说："张孃孃，这是我的聘书，请您收下，我还准备了彩礼。"

张孃孃身材娇小，身上还系着红格子围裙，她笑声爽朗地接过聘书时，打趣道："哎呀，就是一只小猫嘛，你们年轻人可真是讲究。在我们农村，捡到猫也就是一碗饭、一点钱的事儿。"

郑妍笑着递出两串小鱼干和一小罐海盐，说："这些是彩

图1

礼，有一串鱼干是给猫妈妈的。"

俗语说"盐换猫咪糖换狗"，张嬢嬢再次欢快地接过这些礼物，转身进屋，不一会儿便抱出一只狸花猫，递给了郑妍。郑妍仔细检查后，小心翼翼地将小猫放入了早已准备好的帆布包中。

告别了张嬢嬢，我们一行人回到了社区。在中央厨房的灶台前，郑妍特地用面粉给小猫留下了可爱的脚印，随后向灶王爷和四方土地公行拜礼，再用艾条温柔地梳理小猫的毛发。之后，她才引导小猫在院子里散步，让它熟悉新的环境。

如此，整个驻家仪式才算顺利完成。

何淼在一旁感叹道："宋朝人可真懂得生活乐趣啊！"

我微笑着回应："的确如此，宋朝人对猫的喜爱可谓深入骨髓。陆游不就被戏称为'大宋第一猫奴'嘛，他写猫的诗就有十几首呢。那首《十一月四日风雨大作》中写道：'风卷江湖雨暗村，四山声作海涛翻。溪柴火软蛮毡暖，我与狸奴不出门。'瞧瞧，外面风雨交加，他只想在家撸猫。"

陆晶晶抱着干岁说："我也想起了大书法家黄庭坚。他家的老猫去世后，他写了一首《乞猫诗》：'秋来鼠辈欺猫死，窥瓮翻盆搅夜眠。闻道狸奴将数子，买鱼穿柳聘衔蝉。'然后他买了小鱼去邻居家聘猫呢。"

"我对这些诗人了解不多。但我知道在南宋的临安城里，有专卖猫粮、猫窝的商店，还提供剪毛修毛等服务。"汪繁在汪雪一天的折腾下，体力已是大打折扣，连说话都显得有气无力。

我抬头望向青黛色的山峦上逐渐隐去的夕阳，心中满是感慨："古人真是浪漫啊！"

1.3 现代流行文化中宠物形象的华丽转身

当老宋第二次催促我们去用餐时,我们才决定先填饱肚子再畅谈关于浪漫的事。

社区的公共餐厅也贴心地实现了人宠分流,为宠物们精心打造了一个宽敞、舒适的休憩等候区。墙壁上还巧妙地安装了宠物牵引绳的固定装置。这样,主人们就可以在用餐时透过玻璃窗,观察到自家宠物在陌生环境中的各种情绪变化。

何淼见我时不时紧张地抬头望向窗外的福宝,便打趣道:"源姐,要是张孃孃看到你吃个饭还紧张兮兮的,她也许会说,在我们农村啊,猫狗不拴也跑不丢,你们就是太讲究了。"

汪繁则带着些许不满的口吻说:"哼,有两个村民一直盯着我的汪雪看,一边夸我养得好,一边又说我把狗当儿子一样照顾太矫情。还说这种看家护院的畜生,肉很好吃,一点儿也不膻。"

我知道汪雪对他的意义非凡,见他气鼓鼓的样子,便轻轻拍了拍他作为安抚。

在山野之中,星空的清澈好像更胜一筹,深深吸引着我们抬头仰望。

晚餐后,我们在户外的休闲区围炉而坐,小小的炉火上煮着对睡眠有益的枣仁果茶,清甜的香气带着山间特有的凉爽在夜风中旖旎飘荡。而我们白天休息的凉亭内有人正在弹古琴,琴音如同天籁,令人心旷神怡。

汪雪、千岁和福宝在一天的嬉戏后显得有些疲惫。它们吃过各自的美食后,此刻都乖巧地躺在我们的脚边,静静地享受着这份难得的宁静。

老宋抬头仰望夜幕,手指着远处灯火阑珊的农家,微笑着对我们说:"这里是乡村,和繁华喧嚣的都市有天壤之别。在这里,养猫大多是为了抓老鼠,养狗也大多是为了看家护院。这是它们最本真、最朴素的职责。它们有付出,主人就为它们提供庇护与食物,这就是最简单却最真挚的交换。他们的理念和你们把宠物视作家人的理念,是截然不同的。"

陆晶晶深思熟虑地点了点头,十分赞同地说:"老宋说得对,就算古代文人墨客钟爱养猫,大多也是出于防范书籍被鼠咬坏的考量。不过,现在随着时代的进步,大家的生活水平不断提高、居住环境不断改善,养宠物已然成了一种抚慰心灵的生活方式。宠物在每个人心中、家庭中的地位,也发生了翻天覆地的变化,甚至成为一个家庭里不可或缺的亲人了。"

老宋接过话茬:"确实,这是一种从'权利支配对象'到'独立于人'的家庭成员的观念转变。"

"就像我养福宝,我是不奢求这家伙还有抓老鼠的真本领,只要它做一个贪吃、贪睡、贪玩儿的健康小宠物就好。"我微笑着,轻轻梳理着怀中福宝的毛发,它发出愉悦的咕噜声。

汪繁也加入了讨论:"我们俱乐部的铲屎官们养宠物,也不是为了消遣和娱乐,更多的是因为宠物能给予他们陪伴和安慰。"

我赞同地说:"汪繁说得很到位,人与宠物之间已经建立了情感纽带。在养福宝的过程中,我深切感受到宠物对人类心理健康的积极影响,和宠物互动能有效降低生活压力、缓解焦虑和抑郁症状,甚至能改善注意力缺陷等精神健康问题。同时,宠物还能激发我们的责任感和爱心,帮助我们培养同理心和关爱他人的能力,促进人际交往。如今,国内外很多心理学研究者都在关注动物对人的疗愈作用。"

何淼听后恍然大悟,她点头补充道:"我记得心理学家黛比·卡斯坦斯曾言:'人与动物之间的关系简单而纯粹,正是这种简单与纯粹,孕育出了巨大的复苏与安融的力量。'"

我颔首赞同:"你说得对,这恰好说明了宠物在我们生活中扮演着重要的角色。在现代医学领域,'动物辅助干预'(Animal-assisted Therapy)[①]已经是公认并且被广泛应用的治疗方法。比如对于自闭症儿童,在专业人士的引导下,通过养狗来跟他们互动,能够促进孩子分泌多巴胺等快乐激素,从而达到辅助治疗效果。"

何淼热情洋溢地说:"确实,确实!除了常见的猫、狗之外,还有海豚、马和金鱼等疗愈动物,甚至还有人给蜥蜴、蛇之类冷血动物赋予了辅助治疗作用。真是让人不可思议!"

陆晶晶作为宠物医生,深思熟虑地说:"我在工作中观察到,养宠物的人是越来越多了,尤其是年轻人,他们对宠物的需求也是多种多样的。有的人把宠物视为朋友、亲人,给予无尽的关爱;有的人则只是将宠物视为动物,维持基本的养护。更有趣的是,在同一个家庭里,有的人很喜欢宠物,有的人却很不

---

① 动物辅助干预(Animal-Assisted Therapy,AAT),是一种以动物为媒介,通过人与动物的接触,改善或维持病弱或残障人士的身体状况,或帮助他们加强与外部世界的互动,进而适应社会、促进康复的过程。

喜欢。"

老宋微笑着为在场的每个人添上果茶,语气中透露出对未来的憧憬:"在归真社区,我们共同追求的是一个宠物与人类和谐共存的生活环境。我们理解,不同的生活选择和偏好可能带来不同的视角,但这正是我们社区多元文化的体现。我们希望通过积极的交流和相互理解,让每一位居民,无论是否养宠物,都能感受到尊重和包容。我一直在寻找愿意为这个愿景贡献力量的伙伴,希望你们能加入我们,成为志愿者,用你们的智慧和热情帮助我们,让我们携手努力,为归真社区的每一个成员,包括我们的宠物朋友,营造一个更加温馨、和谐的家园。"

"当然,我们非常愿意!"我们四人几乎异口同声地回答,然后面面相觑,随即爆发出爽朗的笑声。

在这个回归自然、追寻本真的社区里,我们真切感受到老宋为构建和谐人宠关系所做的努力与尝试,内心深受触动。作为数字游民,他们的生活方式虽与众不同,但同样渴望与宠物共享生活的美好时光。

当我们的手掌紧紧相握,那份温暖与坚定让我坚信,在未来,我们将会携手并进,共同推动社会形成更加和谐的人与宠物共处的环境。

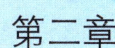

第二章

撸猫：按下情绪内耗的暂停键

2.1 抑郁症少女的治愈之旅：从遇见猫开始

翠峰山虽然景色如画，但对于我这个不常运动的人来说，次日醒来双腿酸痛是避免不了的，于是，我决心重新开始健身。

这天清晨，我在家中对着电视投屏跳着尊巴，福宝则在我脚边徘徊、蹦跳，简直活力四射，它对音乐真是情有独钟。手机铃声打破了清晨的悠然，原来是刘阿姨的来电，她热情地邀请我参加她女儿19岁的生日宴会，我毫不犹豫地答应了。

刘阿姨是我母亲在跳广场舞中结识的朋友。3年前，我得知刘阿姨的女儿被诊断出抑郁症，母女之间的关系曾一度紧张到势如水火。女孩甚至有过一次自杀的尝试，现在已经办理了休学。得知这些后，母亲希望我能伸出援手，因为我从事着与心理疗愈相关的工作。

3年前的某天，午后的咖啡厅里，我目睹了这对母女之间剑拔弩张的状态。16岁的刘汀阳穿着一身黑色的春季运动衣，整个人毫无初中生的朝气，反而是死气沉沉的。

"你已经读初三了，马上就会进入高中学习，如果考不上好的高中，想考好的大学就是天方夜谭。现在好了，学校也不让去了,让你办休学。你现在就是在逃避现实!而且,医生开的药物,你总是漫不经心地想起来吃一顿,想不起来就不管了。你是不是故意的?"刘阿姨的话语中充满了责备。

我在见她们之前,就已经得知精神科医生已经为女孩制定了一套完善的药物治疗方案。此刻,我坐在一旁凝视着那个女孩,她的眼中满是麻木与哀伤,仿佛被世界遗弃。

蓦地,我回想起那部感人至深的电影——《流浪猫鲍勃》。电影里的詹姆斯,一个曾沉溺于毒品的瘾君子,因家庭的破碎而迷失方向,终日和不良少年为伍,染上恶习,生活黯淡无光。就在詹姆斯最绝望的时刻,流浪猫鲍勃的出现却成了他生命中的转折点。鲍勃悄然闯入他的生活,偷吃他微薄的食物。为了养活鲍勃,詹姆斯重新振作,街头卖唱,打起精神来去寻找工作,甚至积极戒除了毒瘾。在和鲍勃相伴的日子里,詹姆斯找到了自我,重获新生。

于是,一个计划在我心中悄然成形。我先请刘阿姨在一旁找个位置稍微休息一下,随后打开手机向刘汀阳展示我的福宝:"看,这是我家的小猫。"

刘汀阳礼貌地瞥了一眼,目光在小猫身上停留了片刻,轻轻地点了点头,说:"很可爱。"

我趁机引导话题:"你知道吗,它曾经是一只流浪猫。有一天,我在小区的草坪里捡的,它叫福宝,是个姑娘。"我不断给她展示福宝的照片,试图让她感受到,世界上还有许多美好的事物等待她去发现。

我观察着她的反应,小心翼翼地问道:"你喜欢小猫吗?"

刘汀阳点了点头,但随即露出无奈的表情:"我妈不让养,说会影响学习。"

我微微一笑,心生一计:"我有个主意,既能让你亲近小猫,又不用亲自饲养。"

刘汀阳好奇地抬起头,这是她与我见面以来第一次如此认真地看我,她有一双美丽又忧伤的眼睛。

我果断转身对刘阿姨说:"阿姨,不如我们一起去散散心吧。"

我驾车带她们来到了悦宠救助站。这是一个充满爱心的公益组织,主理人张大姐虽已年过半百,但她的心态却异常年轻,跟年轻人毫无代沟。她常说,"大姐"这个称呼早已超越了简单的称谓,成了救助站标志性的IP。在我们生活的城市里,每当人们提及宠物救助站,总会想起这位热情洋溢的领头人。

当我们抵达时,恰好看到张大姐正忙碌地给几只小猫崽喂奶。由于工作日的关系,来的志愿者少。张大姐一看到我们来了,顿时眼睛一亮,急切地对我说:"你来得刚好,快来搭把手!"

我毫不犹豫地卸下背包,无暇顾及一旁的刘阿姨母女,熟练地取出一次性手套戴上,迅速投身于这场紧张的"喂奶大战"中。

这六只小猫崽的母亲,曾是一只警惕又瘦弱的流浪猫,被志愿者们捡到送来救助站,生下它们后却因营养不良无法喂养。这些小家伙每两小时就需要接受一次人工喂养。我细心地用温水调制奶粉,再缓缓吸入注射器内,随后轻轻捧起一只小猫崽,小心翼翼地喂奶。给十五天大的它们喂奶十分棘手,这些小家伙不配合,挣扎着大叫,一不小心奶就会从嘴角漏出来。等它们饱餐一顿后，我又拿起湿纸巾，模仿母猫的动作，协助它们排泄。

我在救助福宝的过程中，积累了很丰富的经验，所以和张大姐的配合默契十足。

也不知什么时候，刘阿姨和刘汀阳也加入了我们的行列，她们或是递送物品，或是冲泡奶粉，在一旁关切又稍显紧张地忙碌着。随着六只毛茸茸的小猫崽顺利喂完，我们都不约而同地松了口气，脸上露出了欣慰的笑容。

此时，张大姐细心地擦拭着小猫崽身上的污渍，检查了电热毯等保温设备后，才注意到这两位新加入的伙伴，于是好奇地询问我："这两位是……"

我边洗手边解释："哦，刘阿姨是我妈妈的朋友，她的女儿叫刘汀阳，小姑娘特别喜欢猫，所以我带她来看看。"

"好啊，欢迎欢迎，来了就当自己家一样。"张大姐热情地招呼刘阿姨母女，安顿好猫妈妈和小猫崽后，便带着她们参观救助站。

趁着刘阿姨母女正在观察一只后腿安装了轮椅的狗时，我悄悄地把刘汀阳的情况告诉了张大姐。

这时，刘阿姨忍不住向张大姐打听："听源源说，这儿有五百多只小动物呢。这个救助站里的猫猫狗狗，吃喝拉撒、看病就医，开销一定很大吧？"

当听到她提到钱时，我注意到刘汀阳微微翻了个白眼，嘴角挂着一丝嘲讽的笑意。

张大姐弯腰抱起一只两个月大的小奶狗，轻轻地抚摸着："确实开销不小。来到我这里的猫狗，大多是流浪动物，有的被遗弃，有的遭受虐待，还有些是我们从狗肉车、贩猫车上救下来的。虽然花费很多，但我觉得很值得。我本身是牙医，在城里有几家口腔医院，所以经济上相对宽裕一些。也有很多热心人士会捐助狗粮、猫粮等生活用品，还来做志愿者，就像源源一样。"

刘阿姨的经济条件一般，对于张大姐这种救助猫狗的行为不太理解。在她的观念中，应该先救助那些贫困的人，而不是动物。因此，一时间，两位年龄相近的人却陷入了沉默。

刘汀阳静静地站在一旁，面无表情，仿佛已经习惯了这种氛围。

张大姐试图将怀里的小奶狗递给她抱着，一边亲切地问："源源说你喜欢猫，但家里条件不允许养，不如你有时间就跟源源一起来当志愿者吧？"

然而，刘阿姨却打断了张大姐的提议："还是算了吧，她都初三了，还是要以学业为重，不能分心。"

刘汀阳抱着小奶狗站在一旁，显得有些孤单和无助，原本脸上的些许笑意也瞬间消散。

见状，我轻轻把刘阿姨拉到一旁，低声说："刘阿姨，她已经在生死边缘挣扎过一次了。如果再发生类似的事情，我们恐怕都无能为力。既然她现在休学了，可以休息和调整，那么这里或许能帮她改善对自己、对这个世界的看法。而且，您也看到了，她真的很喜欢这些小动物。"

"可是……"刘阿姨的脸上浮现出复杂的神色，她转过头，望着面色苍白的女儿，深深叹了口气，然后对我说，"源源，你妈妈夸赞你是海外留学的高材生，既然我信任你妈妈，那我也相信你。我真心希望她能早日康复。否则，一旦落下了一年的课程，明年的中考政策变化，对她的高考可能产生很大

第二章 撸猫：按下情绪内耗的暂停键

影响啊……"

"阿姨，你知道吗？人生的容错率其实很高，你也不想失去她吧？"我听着她的话，内心不禁有些沉重，但我选择了忽略她的后半段话，因为我觉得她自身也有需要改进的地方。

于是，我又调整了一下情绪，温和地说："阿姨，我完全理解你的担忧。阳阳还是未成年人，她的成长离不开你的陪伴。所以，我希望你能和她一起参与我们的活动。"

"那是自然，那是自然的。"刘阿姨终于放心地表示赞同。

2.2 从"玉玉"出发，疗愈伤痕

从那天起，刘阿姨母女便成了救助站的常客。

在张大姐的悉心引导下，刘汀阳学习着如何清扫小动物的笼舍，为它们准备食物，喂食，并学习如何轻柔地抚摸它们，让它们感受到舒适和信任。她每次都听得极其认真，仿佛要将每一个细节都记录在脑海中。没过多久，每一个小动物都熟悉了她的气息，小狗见到她时兴奋地摇着尾巴，小猫也会乖巧地让她抚摸，紧跟在脚边让她走路连连不稳，生怕踩到这些毛孩子。

尤其是那六只小猫崽，更是让她牵肠挂肚，她几乎每天都要去看望它们好几次。渐渐地，她开始熟练地照顾这些小猫，潜移默化地把它们当成了自己的责任，觉得它们离不开自己的关爱。

张大姐乐呵呵地夸赞阳阳很有和小动物相处的天赋，她只是

羞涩地抱着小猫，轻轻抚摸着，脸上露出如释重负的笑容。

然而，我的担忧并未因此减轻。我原本希望她在这里做志愿者能够放松心情、转移注意力，享受这个过程，但她却像在学校一样，认真地做笔记，想努力达到一个优秀的标准。

与此同时，刘阿姨始终紧张地跟在刘汀阳身后，一会儿提醒她不要和猫狗靠得太近，以免被咬伤或抓伤；一会儿又叮嘱她开罐头时要用工具，以免弄伤手；一会儿又抱怨她的衣服刚洗干净就弄脏了，要被人笑话。她的目光几乎一刻不离地紧盯着刘汀阳，好像要为她排除一切可能的风险。

你要说她不爱女儿，那简直是对她最大的误解，她会比窦娥还冤。然而，要说她深爱着女儿，女儿却被抑郁症的阴影笼罩着。我和张大姐在一旁看着，都觉得透不过气来，更何况作为当事人的刘汀阳。

每当此时，张大姐总会想方设法找些稀奇古怪的理由把刘阿姨暂时支开。经过几次后，张大姐私下里无奈地对我吐槽："她再来几天，别说她女儿了，我都要被她整得抑郁了。"

我虽忍俊不禁，但也知道再这样下去，刘汀阳的病情不会有大的改善。张大姐虽然嘴上抱怨，但内心却对这位对女儿倾注了无尽爱的母亲充满了同情。因此，她也不时地开导刘阿姨。或许是同为母亲的共鸣，刘阿姨在张大姐的安慰下，逐渐放松了紧绷的神经，不再时刻紧盯着女儿。

有一天，张大姐带着刘阿姨去宠物医院给小动物打疫苗，我终于有了和刘汀阳单独相处的机会。正当我思考如何跟她交流时，救助站的门铃突然响起。

我们走到监视器前一看，只见一个戴着鸭舌帽和口罩的男子按了门铃后迅速逃离了。

"地上好像有个箱子。"刘汀阳在我还没反应过来时,指着视频里的一个黑箱子说。

"是快递吗?"我惊讶于她的敏锐观察力,疑惑地嘀咕。

刘汀阳再次开口:"不是,它会动。"

我愣了一下,突然灵光一闪,惊呼道:"快,那个人可能丢弃了小动物。"说完,我立即冲了出去,刘汀阳也紧随其后。

我们跑到大门口,果然看到一个比篮球稍大的纸箱,里面传出微弱的喵喵声。刘汀阳蹲下检查,我四处张望,但并没有发现监控中的那个人影。

"是一只猫。"刘汀阳轻声说道。

我低头看着她,恰好对上她那双黑白分明的眼睛,里面充满了悲伤。

我叹了口气,说:"先带回去吧。"

回到室内,我让刘汀阳把箱子放在置物台上,然后打开张大姐的办公室抽屉,找到了一把剪刀。自从刘汀阳来后,张大姐就把所有利器都藏了起来,以防她单独接触时发生意外。

我小心翼翼地划开纸箱,刚划到一半,一只白花小猫就迫不及待地爬了出来,仿佛要挣脱束缚一般。

刘汀阳迅速将它抱住,开始运用这段时间学到的宠物救助知识,逐一检查猫咪的健康状况。

"五官没问题……"

"身上也没有明显的伤痕……"

"嗯,四只爪子也完好无损……它看起来很健康……"

少女温柔的声音中透露出一丝疑惑:"那为什么要丢弃呢?

是因为没用了吗？"

我心中一紧，忙笑着安慰她："不是的，也许那个人只是没办法继续养了。如果真的想丢弃，他直接扔掉就好，不会特意送到我们这里来的。"

刘汀阳听完我的一番话，静默了片刻，才如梦初醒地点点头。她轻手轻脚地抱着小猫，默默地向猫舍走去。

我目送着她的背影，转而凝视着桌上那个空荡荡的纸箱子，陷入了沉思。

孤儿院的存在，不是为了纵容父母遗弃孩子的；同样，救助站的存在，也不是为了让宠物主人遗弃"毛孩子"的。

我把剪刀放回抽屉锁好，走到猫舍时，只见刘汀阳正细心地给那只小花猫喂食，小猫舔食的声音"吧唧吧唧"的，顿时让人心生怜爱，心头涌起一股暖流。

我静静地看着刘汀阳脸上绽放的笑容，试探地说："你打算给它起个名字吗？"

刘汀阳点了点头，轻声回答："嗯，它叫玉玉。"

我稍感意外，但随即笑着解读说："这个名字真好，清澈、纯净，玉石又可成君子之器，是好名字啊！"

刘汀阳却忽然抬头看着我，脸上依旧带着笑意，但语气却有些异样："不是，是玉玉症。"

我的笑容瞬间凝固，这个名字的含义我也是近期才知道。"玉玉症"，就是"抑郁症"的谐音，它在网络世界中泛滥，成了一些人调侃、讽刺抑郁症患者的"梗"。这种对抑郁症过度的娱乐化、轻佻化的态度，无疑给真正的患者带来了二次伤害。

抑郁症是一种需要对患者倾注关爱与理解的疾病，而不应该被当作笑柄来取乐。因此，我尽量保持平静的语气，在她身边蹲下，轻轻抚摸着这只新得了名字的猫咪，说："嗯，玉玉挺好。"

刘汀阳似乎被我的反应惊到了，她有些惊讶地看着我："真的吗？"

我微笑着看着她，真诚地说："嗯，真的挺好。至少你开始面对真实的自己了，甚至还有勇气使用这个梗。"我顿了顿，试探性地问："那么，你想用这个方式来对抗什么呢？"

她看着我，沉默了片刻，才缓缓开口："我妈。"

我微微颔首，心中已然明了。她是在用这种方式，向母亲表达自己内心的痛苦和挣扎。

她轻轻地抚摸着玉玉的毛发，语气中带着一丝嘲讽："我妈不想让人知道我得了抑郁症。她觉得我让她丢人。"她说着，脸上露出了一丝苦笑："她怕别人知道，她那个品学兼优的女儿，其实是个精神病，是个疯子。"

听到这里，我忍不住皱起了眉头。这种对疾病的无知和偏见，无疑是对患者最大的伤害。我深深地看了她一眼，心中充满了同情和理解。

2.3 静观猫行，觉察相互尊重的边界感

我经常从母亲口中听到刘阿姨的故事，她无疑是对女儿的一系列社会标准极为看重的母亲，总是自豪地说自己通过何种方式提升了汀阳的分数，找到了补习老师，如何把女儿变得听话懂事，文静乖巧。

所以，如果要治疗刘汀阳的抑郁症，其首要挑战无疑就是病耻感这一道沉重的枷锁了。

病耻感是一个人因为自己的健康状况而感到羞耻和不安的一种感觉。对于精神疾病患者而言，这种对心理疾病的误解和偏见，甚至污名化，都是对他们心灵的一种无形伤害，甚至让他们与外界产生隔阂。患者本身常常担忧一旦自己的病情被揭露，就会遭受误解、排斥甚至嘲笑。因此，他们选择把病情深藏心底，成为一个"难以启齿的秘密"。

如果家人再不理解的话，那更是雪上加霜。

也许是今天的氛围格外温馨，也许是一个多月的小玉玉触动了刘汀阳的内心，她一边细心照料着小猫，一边向我倾诉。她回忆说："我小时候一直和奶奶住在农村。父母为了赚钱常年在外打工，我可以说是个留守儿童。直到五年级时，我才被父母接到城里上学。"

我静静地聆听，目光温和，不带任何评判。

她似乎也感受到了我的善意，于是继续道："我和奶奶感情特别好，她在我的记忆里总是那么慈祥。但回到父母身边后，妈妈却经常在我面前抱怨奶奶，说她小气、重男轻女，只偏爱堂哥，不喜欢我。她不断地重复着这些话，想让我相信奶奶就是那样的人。她总说因为我是女孩，所以她在婆家也没地位。所以让我好好学习，为她争光，向奶奶证明自己的价值。"

我听到这里，内心深受触动，但表面上依然保持着平静和专注。

"但是，随着我渐渐长大，我发现妈妈所说并不是事实。我试图向她解释，希望她能放下过去的偏见。但每次我这么做，她都会更加生气，骂我是个白眼狼。"

"她在单位是个中层领导，在家里也习惯以领导的姿态对待我。她总是没经过我的允许就进入我的房间、翻我的日记。我要求她敲门，她却把我的门锁卸掉，认为作为母亲不需要敲门。"

"我比同龄的女孩更早发育，这让我在同学中成了笑柄。我经常感到羞愧难当，跟她倾诉的时候，她却责备我太敏感了，让我不要过分在意这些无关紧要的事情。"

"每次回到家，我都感到压抑得喘不过气来。看试卷的时候，我甚至无法看清上面的文字。每到这个时候，我就疯狂地扇自己的耳光。突然之间，我就不想学了，好没意思啊……"

她语无伦次地叙述着，声音中带着麻木。

她是个身材丰满的女孩，皮肤白皙细腻，头发不是纯黑色，而是如深秋落叶一样的深棕，在阳光下闪耀着温暖的光泽。她佩戴着黑色花纹的框架眼镜，为她的面容增添了几分书卷气。然而此刻，她蹲在地上，正目光空洞地望着玉玉歪歪扭扭地探索周围的世界，脆弱而孤独。

我满怀关切地靠近，双手张开，轻声问道："我可以给你一个拥抱吗？"

刘汀阳看着我，眼中闪过一丝惊讶，但在我蹲下身来的瞬间，我给了她一个充满温暖与力量的拥抱。

或许是我的拥抱给了她勇气，给了她理解，我的肩膀感受到了一种湿润的暖意，那是她长久压抑的泪水，此刻终于无声地流淌。

我坚定地抱着她，直到她稍显羞涩地挣脱我的怀抱，眼眶中闪烁着泪光，轻声说："谢谢。"

"你愿意听听我的看法吗？"我微笑着为她拭去眼角的泪水，温和地问道。

她略显犹豫地说："会不会太耽误你的时间？"

"当然不会。"我坚定地回答，同时不动声色地揉了揉因久蹲而有些酸麻的腿，随后递给她一张纸巾。

我目光坚定地注视着她，温柔地说："你要知道，一个家庭里的婆媳关系有时候确实会有点复杂。而汀阳你作为一个心怀善意又具有协调能力的晚辈，或许会希望改善她们之间的关系。虽然你的这份努力很值得赞扬，但它并不是你的责任或义务。你不需要为了解决她们之间的矛盾而承担额外的压力。每个人的情感和关系都是独立的，你现阶段最重要的责任是照顾好自己，让自己保持幸福和健康才是最重要的。"

我明白，她或许常常把她妈妈的婆媳矛盾归咎于自己的存在，对此感到内疚。

我看到她眼中闪过一丝动容，继续说道："如果你在小学之前都跟奶奶生活，那么你们之间的情感纽带一定非常牢固。老年人照顾孩子是一项艰巨的任务，但奶奶却义无反顾地承担起来，这足以说明她对你的深深疼爱，无关男女。所以，关于重男轻女的疑虑，我认为大可不必。"

"我之前也有过这样的怀疑。"刘汀阳点点头，声音略带哽咽。

"实际上，奶奶并没有义务替你的父母抚养你。她选择照顾你，可能是出于对你父母的关爱，也可能是对你这个孙女'隔辈儿亲'的喜爱。无论出于什么原因，她对你的付出和关爱都是真挚的。所以，你无须为此感到内疚和怀疑。"我微笑着，语气更加坚定。

刘汀阳听后，眼中闪过一丝释然，轻声道："是的，我现在也是这么认为的。"

我从地上轻轻捧起一只猫，把它温柔地抱在怀中，边轻抚着它的毛发边说："在你的叙述中，我深深地感受到了你妈妈的心理失衡。尽管我不清楚你妈妈和奶奶之间的具体纷争，但我始终认为，在孩子还是未成年时，父母不应把复杂的婆媳矛盾一股脑地倾诉给孩子，让孩子成为情绪的垃圾桶，承受本不属于他们的情绪压力。"

刘汀阳听得十分专注，她也将玉玉轻轻捧起，抱在怀中，随后与我并肩坐在了沙发上。

"我认为，你的妈妈或许内心缺乏一种安全感，这促使她在工作中奋发拼搏，努力成为中层领导。然而，这种内心的不安也可能导致她在你和奶奶之间制造矛盾，她希望你能坚定地站在她的'阵营'。在你的叙述中，你并没有提及你父亲的态度。但我猜测，当你的妈妈感到内心不安时，她可能会通过过度控制你来寻求安全感，尽管这并不是一种健康的方式。"

刘汀阳沉默了片刻，缓缓说："我爸爸还不知道我患有抑郁症。"她顿了顿，说："有时候，我觉得妈妈很可怜。"

我并未感到惊讶，这种跨代联盟就是父母中的一方，特别想把孩子拉拢到自己的阵营来对付另外一方，或者是拉拢到自己的阵营，让自己觉得在这个家庭当中稍微有那么一些陪伴、依靠和存在感，这是一个结盟的过程。

于是我温和地说："我曾听过一句话，'家，不是讲理的地方'。刚听到这句话的时候，我也感到疑惑。难道家庭里的事不应该是讲求公平和道理吗？然而，细细品味后，我发现重点是后半句，'家，是讲爱的地方'。所以，无论是父母之间的结合，还是你的诞生，抑或是奶奶无私地帮助你父母照顾你，这一切都是源于爱。我不强求你能完全理解，只是希望你能从一个新的角度去看待这些关系。"

她神色平静地抚摸着玉玉的毛发。片刻后，她抬起头，眼神中透露着温柔："姐姐，你知道吗？每当我来到这里，跟这些小猫小狗相处的时候，我就感觉身上有什么很重的东西飞走了。我很喜欢和它们玩，它们也很喜欢我。不会因为我是个'死胖子'就嫌弃我，也不会要求我一定要考第一名。它们每一个都有自己独特的性格脾气。它们，只是爱我。"

2.4 宠物陪伴，重塑情感表达

当张大姐和刘阿姨在暮色中回到救助站时，我急忙出门给她们帮忙。

当我左手抱着一只小猫，右手抱着一只兔子走进室内时，发现刘阿姨正悄悄地趴在猫舍的门口。

我疑惑地靠近，只见刘阿姨紧捂着嘴，泪水无声地滑落。我吓了一跳，关切地问道："您怎么了？"

刘阿姨急忙做了个"嘘"的手势，示意我向猫舍内望去。

我顺着她的指引，"鬼鬼祟祟"地探头看去。只见，夕阳的余晖洒在少女的身上，她怀抱一只小猫，安详地睡着。小猫乖巧地依偎在她怀里，不时发出呼噜声。

"她已经连续好几天没好好睡觉了，每天晚上只能依靠药物才能短暂地睡三四个小时。昨天晚上病情又发作了，但今天早晨又跟个没事人一样。我真的很担心她。"刘阿姨压低声音，哽咽地说道。

听到这里，我心中也不禁涌起一股暖流。

猫咪的呼噜声，它的频率介于20到140赫兹之间，具有神奇的治愈力量。它不仅能缓解疼痛，促进伤口愈合，甚至对骨骼生长也有积极影响。当猫咪温柔地窝在你的膝上，发出呼噜声时，它们不仅是在传递亲情，更是在为你进行一场"猫式治疗"。

宠物的世界只有你 | 陪伴中的身心共愈之旅

图2

我轻轻地把小猫和兔子安顿进笼子里，然后小心翼翼地退出猫舍，轻轻关上了门。随后，我挽着刘阿姨的胳膊，来到室外的茶桌前坐下。我为她倒上一杯热茶，并简要地讲述了下午与刘汀阳的对话。

"真是谢谢你了。"刘阿姨认为我帮她开导了刘汀阳因而感谢我。

"刘阿姨,您真是太客气了。"我微笑着说,"但我觉得,您可能还没意识到,您自己也可能是女儿抑郁症的诱因之一。"

我为她续上茶水,继续道:"您总不理解地说,现在小孩子的心理问题怎么这么多?确实,尽管我们现在的生活越来越富裕,数字产品也让生活更加丰富多彩,但抑郁症、焦虑症、双相情感障碍等精神疾病却笼罩着很多家庭。我给您分享一组数据吧。"说着,我打开手机,把之前查好的资料页面给她看。

"您看,根据2022年中国精神卫生调查结果显示,我国患抑郁症人数高达9500万,每年有约28万人因抑郁症自杀。而在抑郁研究所联合人民日报健康客户端等共同发布的《2022年国民抑郁症蓝皮书》中,我们发现约50%的抑郁症患者为在校学生,18岁以下的青少年约占到了总人数的30%。更令人震惊的是,约63%的学生患者表示在家庭中感受到了严苛、控制、忽视、缺乏关爱以及冲突和家暴。"我念着报道上的惊人数据。

刘阿姨的脸上露出了震惊的神色,这些数据像一面镜子,让她清晰地看到了女儿所经历的痛苦和挣扎。

"不知道您听没听过这样一个观点:'生病的孩子,往往出自一个生病的家庭。'我很关心阳阳,"我直视她的双眼,语气平和却坚定,问出了我一直想问的话:"所以我想问您,家里有没有任何特殊情况或者事件,可能会特别影响到她的身心健康呢?"

刘阿姨的脸上浮现出一丝羞愧和内疚交织的神情,她轻声说:"当她成绩不好的时候,她爸爸会动手打她。有时,她不听话,我也会忍不住敲打她几下。"

我深吸一口气,试图平复内心的波澜,让自己保持冷静。因为我曾无意中看到了刘汀阳胳膊上的伤痕，那些痕迹让我感到非常心疼和不安。

我端起茶杯，轻轻抿了一口，努力让自己保持冷静，然后说："从生理到安全，再到归属与爱、尊重，最后是自我实现，这是马斯洛的5个心理需求层次。老一辈的父母，追求的起点是生理需求，终点是归属与爱；而生活在信息爆炸时代的年轻人，却是以归属与爱为起点，终极追求是自我实现。这两代人的需求在快速变化的社会环境中碰撞，就像火星撞地球，自然会产生诸多矛盾。"

刘阿姨似乎恍然大悟，她点点头，说："我终于明白为什么我们总是争吵不休，始终无法达成一致了。"

我轻轻舒了口气，继续说道："父母希望子女出人头地是人之常情。但是，很多父母可能仅仅是基于社会的'二手经验'来塑造孩子，过分地强调成绩和'功利'，不断给孩子施加压力，希望他们能在竞争中不落于人后。可是这种做法却很容易导致孩子承受巨大的心理压力，甚至可能导致他们过度消耗自己的精力，走向极端。如果您真心地爱护您的女儿，那么，您应该学会逐渐调整对她的期望和教育方式，这样才能以更健康、更平和的方式支持她的成长。"

刘阿姨沉默了片刻，望向猫舍的方向，眼中闪烁着泪光。然后她转过身来，对我说："我很喜欢你说的'家，是讲爱的地方'，那我该怎么做呢？"

我暗自庆幸，刘阿姨并非那种固执己见的长辈。我深吸一口气，语气中透露出不容置疑的坚决："刘阿姨，面对阳阳的现状，我们必须采取一种更为专业且系统化的应对策略。阳阳的自残倾向、休学决定，还有家庭中的暴力阴影，这些都是我们不容忽视、亟待解决的严峻问题。"

刘阿姨的脸上掠过一丝悔意与自责。

我暗自庆幸她的心态开始转变，继续说道："首先，我们要深刻地认识到阳阳现在的行为是她内心深处痛苦的呐喊。她可能感受到了无尽的绝望和无助。所以，我们的首要任务就是为她构建一个安全而且充满关爱的避风港，让她感受到自己并不是孤单的。"

"接下来，我们必须立即为阳阳安排专业的心理咨询与治疗。专业的心理咨询师能够帮她识别和处理内心的痛苦，引导她找到更健康的情感宣泄途径。在这个过程中，您作为母亲的角色至关重要。请您对她展现出更多的耐心与同理心，坚决避免任何形式的暴力行为。因为暴力只会让阳阳的心理负担雪上加霜，阻碍她的康复进程。所以，家庭治疗也必不可少，它能帮助家庭里每个成员更好地理解彼此，改善沟通方式，营造一个无暴力的家庭环境。"

刘阿姨听后，深以为然地点了点头，轻声说道："是的，我也意识到了这个问题的严重性。"

"此外，我们还要重视阳阳的教育问题。休学可能是她逃避现实的一种方式，但是教育对她的未来发展至关重要。所以我们要积极和学校沟通，找出适合阳阳的个性化教育方案，比如考虑远程教育、职业培训等方式。毕竟，教育的本质不仅在于知识的传授，还在于促进个人的全面成长与自我实现。"我说得有些口干舌燥，端起茶杯喝了口茶，继续说，"这个阶段还可以安排一些家庭活动，但需要谨慎地规划出对阳阳心理状态和兴趣有帮助的活动，避免给她带来额外的压力。可以先从简单的家庭活动开始，比如一起做饭、散步、看电影，逐渐增加活动的复杂性和频率。"

刘阿姨轻叹一声，言语间满是对往昔的怀念："说来惭愧，我们一家已经很久没一起做一件事了。"

我见她十分听劝，心里也微微放松了一些，继续说："还有，我们必须要认识到抑郁症康复不是一蹴而就的，它是一个长期的过程，需要我们的持续努力和耐心。所以，我们要给她足够的时间和空间，让她逐渐恢复信心和力量。"说到这里，我真诚地看着这位神色疲惫的母亲，温和地说："刘阿姨，您迈出了非常重要的一步，就是寻求帮助。这是一个勇敢的决定，也是一切改变的开始。我们的目标不仅是帮助阳阳走出抑郁，更要帮助她重建对生活的热爱和对未来的希望。"

刘阿姨十分认同地点点头。

我给她添了茶水，说："在这个过程中，您也要照顾好自己。您是阳阳的母亲，您的情绪和状态会直接影响阳阳。所以我也建议您参加支持小组，通过个人咨询或学习压力管理技巧来提升自己的情绪管理能力。您一定要记住您不是在孤军奋战，专业的团队和社区资源都会给您提供帮助。我们要一起探索出更适合阳阳的治疗方案，找到最适合她的教育和生活方式。虽然这是一个充满挑战的旅程，但也是充满希望的旅程。"

刘阿姨的眼神中深藏了忧虑："我一定会尽力的。"

我温柔地鼓励说："您已经做出了正确的选择，只要我们共同努力，不放弃，相信阳阳一定会慢慢好起来的。"

我明白，对于她们一家来说，这几点建议的落实并非易事。

就在这时，开门声响起，我们两人不约而同地抬头望去，只见刘汀阳抱着玉玉站在门口，眼神中透露出期待与忐忑。

"醒来了？"我注意到刘阿姨尚未回过神，便率先打了个招呼。

刘汀阳点了点头，目光转向母亲，犹豫片刻后，她轻声说："妈，我想养玉玉。"

我的目光在母女二人间流转，心中不免有些担忧。

刘阿姨用柔和的目光看着她，点了点头，声音温和地说："好啊，当然可以。"

刘汀阳似乎有些意外，愣了一下，随后又郑重其事地重复了一遍："我是说，领养它。"

刘阿姨忽然笑了起来，仿佛能洞悉女儿的心思，她轻声说："当然可以，你不是早就想养一只猫了吗？"

听到母亲的回答，16岁的刘汀阳脸上终于绽放出了自从来到救助站后第一个真正开心、灿烂的笑容，如同春日的阳光般温暖人心。

而在今天，我收到了她19岁生日派对的邀请，回想起那个温馨的日子，心中涌起一股莫名的感动，竟不由自主地想要落泪。我想，她已经走出了那段阴霾，迎接新的生活了。

第三章

养宠物后，从原生家庭走向内在安稳

3.1　人声与犬语间，回望来路

每天早晨，我都会带着福宝到社区活动中心健身。活动中心的爷爷奶奶们十分喜欢抚摸乖巧的福宝，有时还会给它带一些肉干、小球等小礼物。

一天清晨，我带着福宝回到家时，微信收到了一条新消息。打开司童欣的对话框，一张别具一格的请帖映入眼帘。

请帖的粉色背景上，狗狗的照片非常漂亮，下方还写着："端午假期，诚挚邀请您和福宝参加靓仔的生日聚会。——靓仔妈妈司童欣代书。"

看着这张特殊的请帖，我忍俊不禁。我把福宝安置在阳台上，旁边摆着它喜爱的玩具，然后用手机相机迅速捕捉了一个可爱瞬间，用软件制作了回帖，上面写道："准时出席——福宝妈妈源源代书。"随后，我将这张照片发送给了司童欣。

不一会儿，司童欣欢快的语音消息传来："福宝真是太可爱了，期待你们的到来！"

司童欣是我在萌宠俱乐部结识的挚友，我们的社区虽然相隔三个街道，但我们都热衷于为毛孩子们举办各种派对，庆祝它们的生日或是绝育纪念日。到了约定的日子，我早早地给福宝穿上了新缝制的小衣服，打扮得漂漂亮亮的，然后把它装进猫笼，一同参加生日聚会。

经过三十多分钟的车程，我们抵达司童欣的家。然而，开门迎接我们的却是汪繁。他忙着给站在气球花墙前的汪雪拍照，连招呼都没来得及打。我笑着进门，熟门熟路地换鞋，走过玄关就被眼前的景象所震惊。

半空中，几十个巨大的多巴胺毛绒球轻盈地飘荡着，彩色的丝绦随风摇曳，为这个特殊的日子增添了几分浪漫与梦幻。彩色碎灯串如同点点繁星，把整个客厅装点得如梦如幻。气球花墙上，"生日快乐"四个字显得格外醒目。钢琴弹奏的《生日快乐歌》在耳边轻轻响起，旋律轻快而又不失优雅。

"欣姐，我来了。"我在沙发上坐下，轻声喊道。

话音刚落，只见司童欣端着一盘切好的水果走了过来，笑盈盈地说："快把福宝放下让它自己玩儿吧，你也过来吃点水果。"

"好，我也想给福宝拍几张照片。"看到汪繁不停地给汪雪拍照，我也有些心痒难耐。

今天的寿星靓仔非常引人注目，它脖子上挂着一条刻着它名字的项链，四只脚腕上还套着白色蕾丝花套。当生日仪式开始时，司童欣打开了靓仔最喜欢的罐头，并在上面插了一支蜡烛点燃。我给它戴上了生日帽，但它太调皮了，总是没戴多久就要甩掉。我只好吸引它的注意力好让帽子戴得久一点。汪繁则担任了摄影师的角色，用镜头记录下了这个温馨而欢乐的时刻。我们还一起为靓仔唱起了生日快乐歌。当司童欣准备替它吹灭蜡烛时，

图3

靓仔却把蜡烛给拱灭了,这一幕让我们忍不住捧腹大笑,欢乐的气氛弥漫在整个房间里。

蜡烛熄灭后,我和汪繁还一同为靓仔献上了生日礼物——它最爱的响纸玩具。

尽管名义上是靓仔的生日聚会,但实则也是我们几个好友久违的聚会。

"这次派对,我只请了你们两个人来,一来是庆祝靓仔的生日,二来,借着这个由头一块儿过个端午节。"司童欣微笑着引导我们落座,细心地为每人倒上起泡果酒,"今日佳节,就让我们举杯助兴吧。"

确实，我们已经有很久没有像今天这样聚会了，所以我们欣然接受了司童欣的提议。

几杯果酒下肚后，她突然以平和的口吻笑道："其实，今天请你们来，还有另一层意义，那就是想请你们庆祝我离婚两周年。"

"啊？"我与汪繁都露出惊愕的表情。

我们和司童欣相识也有两年多了，但在此之前的话题总是围绕着彼此的毛孩子们，从未涉及她的私人情感生活。所以，当猛然听到这句话时，我们的震惊是真实的。

司童欣看着我们惊讶的表情，不禁笑出声来。"对，我特别感谢你们。在那段最艰难的日子里，是靓仔给了我温暖，是俱乐部让我结识了你们。当时，我觉得自己几乎无法走出困境。但如今，两年了，我过得越来越好，而你们，不就是最好的见证者吗？"

汪繁带着些许调皮的笑容，试探性地问道："能问……为什么离婚吗？"

"喂……"我忍不住轻轻拍了汪繁一下，这家伙的八卦之心又开始泛滥了。

司童欣随手扔给靓仔一块小磨牙骨，然后轻描淡写地说："没关系，现在说起来，也不会再有任何痛苦了。"

于是，我和汪繁相视一眼，双双好奇地托着腮，支在桌子上用八卦的神情看着她，等待她的下文。

司童欣看着我们，如同看着两个调皮的弟弟妹妹，她缓缓开口："原因是，我把原本准备用在新家装修的二十万，给了我弟弟去还网贷。"

"这……姐姐帮弟弟,也不至于会闹到离婚的地步吧?"汪繁疑惑地看着她。

"我给你们讲个故事吧。"司童欣微微一笑,眼中闪过一丝回忆的光芒,"三十多年前,江西某个山村的夜晚,一个小女孩呱呱坠地。然而,她还没来得及喝上几口奶,就被无情地扔在了村外的坟头,任她自生自灭。幸运的是,她被奶奶捡回了家,并给她取了个名字——换楠,寓意着头胎姐姐换来二胎弟弟。果然,两年后,她的弟弟诞生了。尽管超生让他们承受了罚款,但家里依旧沉浸在喜悦之中。"

我与汪繁对视一眼,彼此的眼神中都流露出对司童欣的同情与愤慨。

"从六岁起,她就开始帮助父母照料年幼的弟弟,从喂饭穿衣到日常起居,无一不包。随着年龄的增长,她开始承担起家中的琐碎家务。在炎炎夏日,她独自在闷热、狭小的厨房里生火做饭。一旦饭菜不合口味或放了过多的肉,她都会遭到责骂。家里的储物房的房梁上悬挂着一个大竹筐,那里存放着很多好吃的。这种储存方法既为了防潮防鼠,也为了防止她偷吃。相比之下,她的弟弟却在家中享受着无忧无虑的生活。"

当我和汪繁听到这些时,心中不禁涌起一股莫名的酸楚。

"如果说父母不爱她这个女儿,似乎也不尽然。"司童欣脸上露出了一丝自嘲的笑容,接着说,"他们为她提供衣食,供她上学,天冷时提醒她添衣,饥饿时嘱咐她多吃饭。只是,他们更多的希望她能照顾弟弟,为家庭付出。但在她看来,这也算是一种爱的表现。"

我听着这些，心里泛起一阵复杂的情绪。

"18岁那年，她以优异的成绩考入大学，成为村里为数不多的大学生。"司童欣继续道，"而她的弟弟还在父母的呵护下肆意生活。在大学期间，她勤工俭学，所得收入都会寄回家里。工作后，父母更是以各种理由向她伸手，弟弟交学费、买电脑、学车，以及家里维修老房……刚开始，她都会尽力满足，好像从中找到了为家庭付出的价值感，甚至想要证明自己比弟弟更优秀。然而，独自在外打拼的她，也难免会遇到困难。有一次，她因病住院一周，急需用钱时向家里求助，父母却说让她自己想办法，家里也没钱。更令人心寒的是，他们甚至没有询问她的身体状况……"

"真是太让人气愤了！"汪繁愤愤不平地说。

司童欣却轻轻一笑，喝了一口酒，说："可惜她当时并没有感到难过，只是内疚和自责，觉得自己没本事。"

"后来，她只要有钱就会寄回家中，希望能得到家人的认可和爱。"司童欣补充道，"然而，当她与男友结婚时，父母以两地相隔太远、路费太贵为由没有出席婚礼。她们说，家里正好要给弟弟买房，资金紧张。"司童欣边说着，边为我们夹了些菜放进餐盘里，语气中透露出一种无奈与感慨。

3.2 重男轻女观念下，原生家庭的困扰与觉醒

　　她好像拥有一种"善解人意"的特质，每当弟弟面临买房、买车的经济压力时，她总是默默伸出援手，给予贴补。结婚前，丈夫就知道她贴补弟弟的事实，但婚后，他期望她能更多地考虑自己的小家庭，不要一味地支持娘家。岁月如梭，几年过去，丈夫发现她依然在帮扶弟弟，而且金额不小。这成了她与丈夫之间的一道裂痕，引发了夫妻间的激烈争吵。她固执地认为，帮助自己的亲生父母和弟弟是理所当然的。司童欣眼中闪烁着复杂的情绪，靓仔似乎能感受到她的心情，不时地来到她身边，用身体蹭着她，给她一丝慰藉。

　　"但是，她的丈夫却无情地揭露出他们如吸血鬼般的贪婪本质，还称他们是'水蛭'。她虽然也早就有所察觉，但始终不愿面对这个残酷的现实。"

　　"让一个孩子承认父母是'吸血鬼'，是一件非常痛苦和难以接受的事。"我轻声叹息，"但是，你的感受和反应正是你个人成长和自我认知的一部分，值得被认真剖析并给予尊重。身为子女，我们不会永远被动地接受周遭的一切，最终都会发展出自己的思考与解读。"

　　司童欣眼里泛红，道出一段过往，他们离婚的导火线，就是她的弟弟因为欠下几十万网贷，在父母的哀求下，她把原本用于

装修房子的二十万借给了娘家。

我和汪繁一时间无言以对。

然而，司童欣接下来的话却让我们更加震惊："离婚后，他们不仅不安慰她，反而指责她不会笼络男人的心，没有给丈夫生个一儿半女，太失败了。在老家，离婚的女人被视为不祥之人，不能回娘家居住，否则会败坏家里的风水，成为村里人的笑柄。这句话，是她母亲说的。"

汪繁再也按捺不住心中的愤怒，"啪"地把筷子拍在桌子上："这是什么破封建迷信？简直是胡说八道！"

我也愤慨地附和道："我也听说过类似的话。可一个人的成功与否是由自身努力、选择和环境等因素综合决定的，这种指责简直太不公平且毫无科学性！"

司童欣听着我们打抱不平的话，脸上带着笑意。她为我们斟上果酒，语气中透露出无尽的无奈："在农村老家，'讲究'真是大过天。一个离婚的女人，生活的艰辛只有她自己能体会。而她的父母，不但不理解她的处境，还在亲戚邻居中间散播关于她的坏话，把她贬得一无是处，说她不孝。他们似乎从没想过，曾经给他们的那些钱也是她日夜兼程、辛勤工作赚来的。可是，她也要生活啊……这样的日子什么时候是个头儿呢？"

汪繁紧蹙的眉头如同吃了酸杏般苦涩："是啊，他们难道就不能为女儿着想一下吗？"

司童欣苦笑一声："我当时也有你这样的疑惑。"她轻抚着靓仔的毛发，继续说道，"刚离婚那会儿，我害怕到不敢关灯睡觉。刚好朋友要出国没办法养它了，我就把它要了过来。是它的陪伴，让我重新找回了安全感。"

这时，靓仔似乎和汪雪玩闹得累了，便乖巧地偎依在司童欣的脚边，尾巴轻轻摇晃，清澈又单纯的双眼望着她，宛如一个懂事的守护者，无声地慰藉着她心中的难过。

司童欣怜爱地微笑着，轻轻弯下腰，温柔地抚摸着靓仔的毛发，轻声道："我常常在想，我曾经坚信这个世界上没有不爱孩子的父母，但是，为什么我的父母却这么冷漠、自私呢？他们到底爱不爱我？这个问题在我心中萦绕了很多年，始终不敢直面这残酷的现实，直到靓仔的出现。我每天悉心照料它，不想跟它分开。当我出差和长久没回家时，我心里总感到内疚与亏欠，我知道它可能又趴在门口一动不动地等着我，或者睡在有我味道的毛毯边。我的世界有手机、朋友和各种际遇，而它的世界只有我。每当它生病，我都心如刀绞，恨不得能自己承受一部分，我会自责为什么带它出去淋了雨，也会气它调皮，不知道把什么东西吞进了肚子里。我会在逛街、吃饭和网购时时刻想着它，这些是不是它爱吃的？那些可不可以带回去给它玩？而不论什么时间一打开家门，它永远都在门口，好像看见我回家是它最开心的事。我真正地理解了爱的含义，也接受了爱的复杂性，明白了父母的爱并非总是平等无偏的。"

我和汪繁的表情都变得凝重起来。我曾阅读过叶昱利、李强等学者在2021至2023年间发表的《我的姐姐：男孩偏好与长姐身体健康》和《你是姐姐：父母男孩偏好与长女家庭收入》这两篇文章，文章里深刻揭露了家庭内部性别不平等的问题。这两篇文章极具现实意义和人文关怀，特别是针对原生家庭教育中普遍存在的父母通过非对称资源转移，即牺牲长女利益以满足男孩需求的现象进行了深入剖析。当初阅读时，我深感震撼，没想到这样的现象竟在我的朋友身上悄然上演。

汪繁是家中、聚会现场唯一的男孩，此刻他缩成一团，声音微弱地说："对不起，我是男孩，无法完全理解你们的感受，但我真的很讨厌他们的做法。"

他可爱的模样让司童欣不禁展颜一笑，她抬手轻拍他的头，笑着说："我就知道你是个三观很正的孩子。"

得到夸奖的汪繁开心地拿起一个桃子，"咔嚓"一声咬下一口。

司童欣原本低落的情绪在汪繁的逗乐下逐渐消散，她轻叹道："我觉得自己就像是封建糟粕的牺牲品，在父母和弟弟眼里，我不过是一个赚钱、干活的工具人。我的存在，似乎只是为了被利用，而非被爱。我曾经无数次想呐喊：'为什么？''凭什么？'"

"可是，这个问题好像从我出生的那一刻起就诞生了，我甚至被贴上'赔钱货'的标签。呵，要是真论起来，他们收的彩礼可不少的。多讽刺！"司童欣的脸上挂着一抹嘲讽的笑容。

"我想了想，男孩好像的确很少需要面对你所提及的这些困扰。"汪繁眉头紧锁，认真地说。

"我的话虽然刺耳，却是不少重男轻女家庭的缩影。在这样的家庭中诞生的女孩，意味着不受重视，不给太好的教育，不给太好的吃穿。毕竟，她们在未来注定要被'泼'出家门的。所以，在嫁人之前，她们会被无情地洗脑，被告知不会做饭、不会操持家务、不懂体谅他人，就没办法找个好婆家。结婚后呢，她们更是被要求无条件地帮扶娘家……"司童欣一边给靓仔抛去一根小骨头，一边继续道，"在这样的环境中长大的男孩，也会理所当然地接受姐姐的付出。而女孩就会不断地付出，试图以此证明自己的价值，赢得父母的认可和爱。"

我点了点头，感慨道："我记得电视剧《欢乐颂》中，奇点和安迪对樊胜美的评价是'她或许很享受这种从男尊女卑的家庭中，一跃成为顶梁柱的角色'，当时我对这评价并未深究，现在回想起来，真的是再贴切不过了。因为原生家庭的亲人对她们不屑一顾，认为'女孩不如男孩'，她们就拼尽全力想要证明父母的偏见是错误的，自己才是家中的骄傲。那种让父母'刮目相看'的感觉，好像是一次为受过不公待遇的自己'正名'的壮举。"

"可惜，现实往往残酷。父母偏爱某个孩子的时候，即使他再不堪，也会满心喜爱；面对不喜欢的孩子，即使她再优秀，也难以付出他们的爱。"司童欣说到这里，一手托腮，微笑着看着我们，仿佛是在诉说一个早已看透的真相，"你们总说，没有不爱子女的父母。但我的亲身经历告诉我，这句话应该改成'没有不爱自己父母的子女'。"

3.3 选择宠物，是选择一份自主的亲情关系

我听着司童欣的陈述，心中涌起复杂的情绪："这种来自原生家庭的压力实在太让人窒息了，就像是一种无形的束缚，影响着女孩们的生活和选择。"

"对，"司童欣叹口气，说，"从小就被父母教育要照顾弟弟、为弟弟牺牲一部分自我利益和自我认知的女孩，到了结婚的时候还没有察觉这件事的问题所在，就会延续这种牺牲，甚至她们还会继续用重男轻女的思想教育自己的子女。"

汪繁深以为然地点点头："确实，孩子们对父母有着几乎天生的信任和深厚的情感。父母作为子女生命中最初的榜样和支持者，一言一行、教养方式对子女的成长和选择都会有潜移默化的影响。这种情感联系非常牢固，就算子女有怀疑和伤痛，还是愿意去寻求与父母的联系和理解。"

司童欣轻轻摇头，眼中透露出无奈："正因为我深爱着他们，所以我渴望回馈他们的养育之恩。我希望他们能以平等和尊重的态度看待我，把我当作一个独立的人，而不是任意挥霍的资源，或是待'嫁'而沽的商品。然而，当我的'报答'毫无边界的时候，就仅是一种自我感动，他们甚至从来没察觉我在努力向他们证明自己的价值。他们只是变本加厉地压榨着我而已。"

我听着，内心不禁翻涌起一股深沉的悲愤，说道："这种不

平等的家庭动态会对子女的自我认同和心理健康产生很多负面影响。自我概念是一个人心理健康的核心，孩子们在本该被无条件爱护的家庭氛围中，感受到被物化或被利用时，他们的自我价值感就会受到严重的损害。所以我们必须认识到，真正的爱是无条件的，它是建立在相互尊重和理解的基础之上的。"我认真地看着司童欣说："作为你的朋友，我鼓励你相信自己内心的感受，去探寻一种更健康的方式来重塑你和父母之间的关系。在这个过程中，你可能首先需要勇敢地设定个人界限，坦诚地表达你内心的需求，或者寻求外部力量的支持。你一定要记住，你有被尊重的权利，更有权利去追求自己的幸福和实现自我。"

"你说得对。"司童欣叹了口气，继续道，"有些女孩，曾是重男轻女观念的受害者，而当她们成为母亲后，竟不自觉地沦为了这种思想的传递者。多年来，她们被潜移默化地高度认同了父权文化，对儿子极尽宠爱，对女儿就贬低、忽视。"

"我也注意到了这种现象。"我感同身受地说。

司童欣苦笑一声："确实，我知道我妈妈在她能力范围内很关心我，但这都是在不谈论、不损害弟弟利益的前提下。她经常说亏欠了我，但转眼间又把我给家里的钱全给了弟弟。"

汪繁愤怒地说："我想起了网上常说的一句话，'分房分产时女儿是外人，有事没钱时女儿又是一家人'。一会儿是家人，一会儿是外人，这种态度太让人失望了，这简直是一种深层次的不平等和偏见嘛。"

我和司童欣相视而笑，笑容中透露着无奈、悲哀和深深的无力感。

2023年4月22日，社交媒体上的一条热搜"女孩子越长大越没有家吗？"如风暴般席卷网络，以惊人的35.6万关注度和7700万的阅读量稳坐当日热搜榜第十的宝座。置顶视频由名叫"王晴晴"的女孩深情讲述。她为了生计早早辍学，为了爱情远走他乡，却在离婚后成了家族的"耻辱"。父母盖房子，却没有给女儿留一间房……她的话语中充满了困惑与无奈："为什么男孩子生来似乎就拥有一切，而女子却似乎一无所有？娘家没有我的容身之地，婆家把我当外人，所有的都得靠自己争取……"

这段视频如同一面镜子，映照出无数女性的心声："她们来到这世间，仿佛只是过客。先在父亲的屋檐下短暂停留，而后在丈夫的家中稍作歇息，最后，在儿子家，落一落脚。她们的一生，似乎都在不断地漂泊、迁徙。"

司童欣微笑着，身处这五彩斑斓的客厅中，轻柔的钢琴声如流水般在屋内荡漾："为了拥有一个真正属于自己的家，我用所有积蓄买下了这套房子。虽然还需要偿还贷款，但我的心却从来没有这么安定过。而且，这一次，我要为自己选择家人、朋友。"她说着，眼中闪烁着温暖的光芒，看向了靓仔，以及我和汪繁。

我的心被她的笑容深深触动，眼中不禁泛起了泪花。这一刻，我感受到了她的蜕变与成长，感受到了她内心深处的复杂情感与对美好的渴望。

汪繁坚定地点了点头，声音铿锵有力："嗯，我就做你的家人，永远支持你。"

我轻轻拭去眼角的泪水，走上前去给了她一个深情的拥抱。我心疼这个坚韧的女性，在生活的风雨中，她从未放弃对幸福的追求。

在她的安慰下,我重新坐回座位,平复了心情。

"今天是个好日子,我本来不想流泪的。"司童欣轻拭泪珠,然后温柔地拍了拍靓仔的头,微笑着说,"当然,我的家人里还有你,靓仔。"

"当我刚开始一个人生活时,总觉得家里安静得让我心生恐惧。每次回家,我总会立刻打开电视,即使不看,也想听听人声。我逐渐开始关注独居女性的安全防护措施。然而,自从靓仔走进我的生活,一切都发生了翻天覆地的变化。"司童欣有些赧然地说,"原本我一个人过日子,根本没什么规律。而现在,我必须按时给它喂食,带它出去散步,还要耐心地教它如何上厕所。它不仅改变了我的生活节奏,更让我感受到了前所未有的安全感。我再也不用在门口摆放男士拖鞋来营造一种'家里有男人'的假象,只要有任何风吹草动,靓仔总是比我更快地警觉起来。有一次半夜,门外传来敲门声,靓仔立马冲在前面狂吠不止,最终那个人离开了。它真的是给了我这么多年来从没有过的安心。"

汪繁温柔地靠近靓仔,递给它一个零食,笑着称赞:"真是个好孩子。"

司童欣的脸上洋溢着自豪:"它真的很关心我。有一次我感冒发烧,吃了药后就窝在沙发里,情绪低落得想哭。它原本在一旁玩着,但突然站在阳台上一动不动地看着我,过了一会儿就跑过来紧紧地靠在我身边,那一刻,我的心都要融化了,有它的陪伴真是让我既感动又幸福。有时候,我疲惫不堪地回到家,一开门就看到它那双真诚而炽热的眼睛,它微笑着,摇着尾巴围着我转,我就觉得一天的疲惫都烟消云散了。"

"我完全理解你的感受。"汪繁高兴地招呼汪雪来到他脚边,这只从小被他养大的小狗非常听话。

很多时候,宠物和人类之间建立的关系,远远超越了人与人之间复杂的社会交往。它们对主人的情感纯粹而真挚,完全不受外界喧嚣与现实条件的干扰。我们深知无条件的爱与支持是何等重要,就像美国著名心理学家卡尔·罗杰斯(Carl Ranson Rogers)所倡导的"无条件积极关注",即无论个体的处境或状态如何,都能获得关爱和接纳,而宠物对主人的爱,正是对这种无条件之爱的生动诠释。

它们虽无法用语言表达,却以全身心的爱来温暖主人的心灵。在心理学中,非言语交流的力量是不可忽视的。宠物的肢体语言和行为,如轻摇的尾巴、亲昵的依偎,都是它们传递爱意和忠诚的独特语言。这些细腻的动作,能够触动人类内心深处最柔软的部分,激发我们的同理心与情感共鸣,使我们的情感纽带更加坚韧。

英国心理学家哈利·哈洛(Harry F. Harlow)洞察到,"接触安慰"是滋养人类情感需求的关键因素之一。宠物以其无声的陪伴和温柔的触摸,为我们提供了这份安慰,让我们在生活的风雨中得到片刻的宁静与放松,有效缓解了压力与孤独感。

现在,靓仔早已不是司童欣的宠物,它已经融入她的生活,成为她不可或缺的家人与情感支柱。这种深厚的情感联系,不仅为司童欣提供了心灵的慰藉与坚实的支持,更为她的生活带来了意义和价值。在面对生活的种种挑战时,宠物的陪伴与爱,有时会成为人们勇往直前的强大动力。

然而,感动不过三秒,司童欣话锋一转,笑着说:"不过,靓仔确实有些调皮，总是爱拆家。有时候回家是惊喜，有时候就是惊吓。"

我们一想起她之前发给我们的那些被靓仔弄得满地的卫生纸的照片，就忍不住笑出声来。

"但无论如何，我还是很爱它。"司童欣紧紧抱着靓仔，轻轻摇晃着它的头，"对我来说，它就像是上天赐予我的大号毛绒创可贴，无论我经历多少伤痛和困难，它都能帮我治愈。"

3.4 构建新型家庭关系，重塑爱的定义

在司童欣经历离婚和原生家庭疏离的艰难时刻，靓仔以其无条件的爱、忠诚与陪伴，像一缕阳光般温暖了她受伤的心田。对她而言，将靓仔从"宠物"提升至"家人"的地位是必然的。

司童欣深情地说："是靓仔让我领悟了什么是真正的爱和被爱，也让我有底气面对自己的过去。"

在重男轻女的家庭环境中成长的她，常常感到如浮萍般无依无靠，内心缺乏安全感。这种成长背景让她形成了坚韧、独立的性格，不依赖于原生家庭。

汪繁心存疑虑，试探性地问："那你……有没有试图和父母沟通，分享你的感受？"

司童欣苦笑："我尝试过。我告诉他们我在生活和职场上的困难，提及他们的重男轻女观念。但他们坚决否认，说儿子女

儿都一样，是我想多了。"她耸耸肩，无奈一笑，"从那之后，我不再奢求用我微薄的力量去改变他们，也不再抱有期待，而是选择以旁观者的视角去观察。他们那一代人的成长环境和教育背景，和我们现今相比，存在明显的时代局限性。这种差异不仅体现在物质条件上，还深刻地体现在思想观念与价值取向上。所以，我决定成为一个真正独立的人，无论是心灵还是精神。"

罗翔老师曾有一个观点，原生家庭不完美的人，能迈出一步，甚至几步，已是卓越。不要责怪自己，因为当别人在享受成长时，你还在与原生家庭的内耗抗争；当别人在追求事业时，你还在努力摆脱内耗。别人登上山顶固然令人敬佩，但你从低谷爬至平地，同样值得称赞。

我为司童欣的坚韧与成长感到由衷的高兴："一个人要想挣脱精神上的枷锁并不容易。在心理学中，我们常常会讨论'自我解放'的议题，关乎一个人如何洞察并跨越原生家庭的影响。你已经勇敢地迈出决定性的一步，不仅清晰地认识到了这些影响，还勇敢地向父母表达了你的感受。'成为自己是一个持续的过程，而不是一个已经完成的状态'，放下对完美父母的幻想，这是自我成长的关键一步。认识到没有人是完美的，可以帮助我们更好地理解自己、理解他人。现在，你可以为自己的成长负责，成为自己内心中的合格父母。这不仅仅是自我接纳，更是自我引导和自我支持。你已经在自我实现的道路上迈出了坚定的脚步。"

"你真的很勇敢。"我举杯，庆祝她的成就，并鼓励道，"勇气在心理学里被视为面对困难和挑战时的重要品质。你的勇气不仅能够让你面对自己的过去，也能够让你为自己的未来负责。这本身就是一种巨大的胜利！"

司童欣笑着与我碰杯："谢谢，我也觉得我很勇敢。"

汪繁也加入我们的碰杯行列："为你高兴！"

司童欣感慨道："人们常说大城市人情冷漠，但它同样充满了包容。这里没有人会在意我的过去，不在乎我是否结婚、生子或离婚。只要我勤奋工作，自给自足，就会有人为我鼓掌，还赞扬我是一个独立自强的女性。所以为了更健康的生活，我开始学习钢琴，跳尊巴舞。我不会用过去的错误来惩罚自己，而是选择向前看，迎接更美好的未来。"

当一个人真正独立、内心强大、不依附于他人，如同参天大树般稳稳扎根于这个世界时，他人的认可和尊重就会如春雨般自然降临。

汪繁热情地赞叹道："这样的生活，真是让人心生向往。"

司童欣一边为我们分点心，一边分享她的心得："我现在已经学会不再为他人的情绪买单了。无论是他们急于给儿子换车，还是家里院墙倒塌，抑或是父母之间的争吵，我都不会因为我帮不上忙而有负罪感，因为这些并不是我所能掌控的。毕竟，我不是无所不能的救世主，还没强大到能承担他人的生活重担。他们的课题，就应该让他们自己写答案。父母养育我们固然不易，但这并不是他们逼迫我的理由。行孝道，需要智慧、底气和正确的方法。"

情境性家庭治疗的创始人伊凡·纳吉曾提出一个有趣的观点，他认为我们每个人在原生家庭中都有一本"情感账本"，记录着付出与收获。当我们的付出未能得到预期的回报时，便会产生一种"情感债务"的感觉。

司童欣的父母养育了她，同时也期望她能够有所回报。然而，当她的回报未能达到他们的期望时，她便被指责为不孝。如今，司童欣已经洞察了这一切，她明白自己的付出已经远远超过了父母当初的养育之恩，所以她不再任由自己被他人的期待所剥削。

我沉思片刻，缓缓说道：“我一直认为，子女对父母的照顾，更应是出于孝敬而非孝顺。'敬'字蕴含着尊重与自主，能明辨是非；而'顺'则往往意味着盲目地服从。”

"我赞同源源的观点。"司童欣坚定地说，"我依然会给予父母赡养费，但绝不会再被'姐姐应该照顾弟弟''不给钱就是不孝顺''不结婚生子就是不完整'这种陈旧观念所束缚。我已经学会用独立的视角去审视问题，不再轻易陷入他人的圈套。"

2023年，北京大学中文系教授戴锦华在《三联生活周刊》上线的课程《从女性出发》中深刻指出："当女性成为人类社会的半边天时，所有与性别相关的问题都必然成为人类社会共同面临的问题。女性主义，实则是一种实践中的人道主义。"

然而，即便在现代社会，许多女性仍饱受精神压迫的煎熬。诸如"女孩学不好数理化""能力强的女生不能娶""娶妻只为生子""成绩好但不懂家务""打扮时髦便是风骚"等偏见依然屡见不鲜。在许多人眼中，女性的价值似乎仍被局限在生育和家务之上，这无疑是对女性多元价值的极大忽视。

"现在我一个人生活，家里温馨又宁静，冰箱里摆着新鲜的蔬菜瓜果。每天下班回来，靓仔会热情地迎接我。我可以享受一顿简单却营养丰富的晚餐，不用担心烹饪技术不好被责骂，也不必顾虑他人的口味，而是随心所欲地品味每一份美味。站在阳台上还能欣赏到天边绚丽的晚霞，那时候我特别有归属感。"司童欣轻轻摇晃着手中的酒杯，微抿一口，满脸都是满足和幸福。

汪繁深情地说："欣姐，血缘上的父母你这辈子是没办法更换了，但是朋友却是你可以精心挑选的。我和源源、靓仔就是你的亲人，以后我们做你的家人。"

说完，我们三个人再次举杯，把这份深厚的情谊一饮而尽。

有这样一段话："人生之旅，我们始终在追寻两样东西：一是价值感，二是归属感。价值感源自外界的肯定，而归属感则源于内心的被爱。"

当我们通过不懈努力取得成就时，我们体验到的那份满足和幸福，正是价值感赋予的。司童欣已经学会了发掘自己的潜能，培养兴趣爱好，拓宽视野。她开始欣赏自己，知道自己的价值，内心充满了自信与力量。

而朋友和靓仔所带来的友情与家的温暖，更让她感受到了被爱、被理解、被接纳的温暖，归属感油然而生。这种价值感和归属感，正是我们内心深处最渴望的，而它们的源头，其实就是我们自己。

我特别喜欢电视剧《玫瑰的故事》大结局中玫瑰的那段独白："我轻松愉快地走上大路，世界在我面前，指向我想去的任何地方。凡是我遇见的我都喜欢，一切都被接受，我不受限制，我使我自己自由，我走到我所愿去的任何地方。我完全而绝对地主持着我。"

第四章

闪烁的"星星"
在宠物世界找到朋友

4.1 为孤独症儿童打开通往外界的门扉

4月2日,我带着何淼来到了一个特殊的地方,看望一群来自星星的孩子和照顾星星的人。这一天,也是他们专属的纪念日——世界孤独症日。孤独症[①],这种或许曾让你在李连杰和文章主演的电影《海洋天堂》中略知一二的病症,其实是一种神经发育障碍,它让患者在社交沟通、行为模式以及兴趣选择上显得与众不同。

我们这次不仅是以心理援助师的身份来到"星光爱心公社",还自告奋勇地扛起了摄影团队的工作,想要捕捉一些温馨而真实的瞬间,后期制作一个科普宣传片。

"星光爱心公社"是一个由众多自闭症儿童家长共同自发组织的互助港湾。它坐落在一个大型社区的僻静角落,原本是一座废弃的仓库,如今却被这些充满爱心的家长打造成了一座五彩斑

---

① 孤独症,也是一种广泛性发育障碍,常见的疾病类型包括冷漠型、主动但怪异型和被动型。孤独症,全称孤独症谱系障碍(Autism Spectrum Disorder, ASD),是一种神经发育障碍,主要表现为社交沟通能力受损、兴趣范围狭窄以及重复刻板的行为模式。这些特征通常在儿童三岁前显现,并持续影响个体的日常生活和社会功能。孤独症是一种谱系障碍,意味着它的表现可以从轻微到严重不等,每个患者的症状和需求都是独特的。目前,孤独症没有特效药物治疗,但通过早期诊断和综合性的行为干预,许多患者能够显著提高其社交、沟通和学习能力。

斓的童话城堡。城堡外，鲜花簇拥，门口设有一座签到台，背景墙上五彩斑斓的彩纸拼凑成星星的形状，仿佛在沉默地告诉世人他们的存在。

我和何淼一下车，就被这温馨而有力的场景深深震撼。公社的主理人高老师正在签到处忙碌，远远见到我们，便热情地跟我们挥手致意。

每年的4月2日，公社都会举办公开日公益活动。他们也希望通过这样的活动，能让社会大众对自闭症有更深入的了解，给予这些孩子更多的理解和帮助。

高老师的主业是特训机构的老师，三十出头的她青春洋溢，棕栗色长卷发扎成马尾，显得既娇柔又干练，总会在言语中透露出一种坚定和力量。她是公社的主心骨，永远充满热情和活力。当她面对孤独症的孩子们时，又是温柔和耐心的。

"你们来得正好。"她笑容灿烂地迎上前来，一手拉着我，一手拉着何淼，"今天人很多，既要照顾孩子，又要兼顾宣传，人手非常紧张。你们能来，就帮了我的大忙！"

我微笑着回应："不要担心。何淼在大学的时候是摄影社团的负责人，非常喜欢拍摄视频，而且她还经营着多个自媒体账号，对拍摄和剪辑都十分有经验，一听说您这儿要拍个宣传片，她就毫不犹豫地答应了。"

何淼也自信满满地表示："我看过您之前在自媒体上发的一些视频，拍摄和剪辑方面还有一些可以提升的地方。这次我一定会竭尽全力，拍出公社最好的效果。"她的眼神中闪烁着坚定的光芒，仿佛已经做好了充分的准备。

高老师满怀期待地望着何淼，略带激动地说："我早就想拍摄一些视频进行科普宣传了，可惜经费和人力实在捉襟见肘，你能帮我们拍摄真的太好了！"

何淼笑靥如花，回应道："您放心，我已经想过了成片的结构，至少要包含活动的精彩瞬间、科普讲解，还有孩子们的日常状态，尽量全方位地向公众普及孤独症的相关知识。"

高老师听后，眼神中流露出赞许之色，对我们的想法表示了高度的认同，双方一拍即合。

今天，何淼带了一套专业级的摄影设备。当她把相机肩带套在头上，稳稳地举起减震支架时，我瞬间觉得她充满了专业与力量的感觉，和日常工作的样子完全不同。而我，则扮演起了记者的角色。

在高老师的引领下，我们走进这座城堡，只见两边的墙面被清新的绿色图案和彩色花卉点缀得生机勃勃。首个宽敞的教室内，摆放着琳琅满目的玩具，八九个孩子在其中各自玩耍，角落里坐着静静守护他们的父母。这些孩子中，有的活泼好动，有的则如雕塑般凝视着旋转的电风扇。偶尔，有孩子会突然发出尖锐的叫声，如果是不知情的人，恐怕会被他们的举止吓到。

"这个星光爱心公社，最初只是我和几位患者家长为了相互扶持、共渡难关，自发成立的一个组织。孤独症这种病，是一种持续的神经发展疾病，尽管目前没有治愈的方法，但是通过适当的干预和支持，患者的生活质量是能有显著提高的。因为优质的特训学校费用十分昂贵，对于普通工薪家庭来说，实在是一笔很大的开销。如果错过孩子的黄金干预期，对孩子和家长而言，是一辈子都无法弥补的遗憾。每当我看到因为资金压力而错失治疗时机的孩子绝望与无助的眼神，都让我感到窒息和痛心。我希望通过我们的努力，为那些经济条件不佳的孤独症家庭带来一丝希望。哪怕一点点希望也好。"高院长深情地回顾着公社的初心。

我情不自禁地赞叹道："这真是一项充满爱心的公益事业。"

高院长骄傲地点点头，接着说："是的，我也常对公社的家长们说，我们的努力不仅能帮助自己，更能照亮别人的人生。家长们之间也自发地互帮互助，条件好的家长也会向组织伸出援手。比如，有从事会展布置的家长，会免费为场地进行布置；有中医背景的家长，则为我们提供免费的中医服务。我们现在所处的这座城堡，也是社区领导看到我们的情况后，以极低的租金租给我们的，租金也仅够维持水电费。当然，还有你们这样的朋友，无条件地给我们提供心理援助，我们非常感恩。"

我凝视着这些孤独症孩子，他们好像沉浸在自己的小宇宙里，不禁问道："高老师，我在社交媒体上经常看到家长们分享孤独症孩子们演奏音乐、绘画的视频，他们在这些艺术领域是不是有特别的天赋？"

高老师认真地点了点头，边前行边说道："来，我带你们参观他们的音乐教室。"

我们跟随着她的脚步，来到了一间宽敞的音乐排练教室。此刻，几个年龄在12至20岁之间的孤独症患者正聚精会神地排练着。他们中有的弹着古筝，有的吹奏笛子，还有敲击架子鼓的，他们都全身心地投入音乐中。民谣乐队房东的猫的《New Boy》，被他们演绎得轻松活泼，宛如小鹿在山间轻盈地跳跃，又好像是他们的灵魂在自由地舞动。每一个音符都如同涓涓细流，触动着每一个听众的心弦。何淼轻轻地走进教室，手持相机，捕捉着每一个动人的瞬间，无论是角度的变换还是个人的特写，她都没有错过。

音乐结束后，何淼的眼眶微红，她转向高老师，感慨道："他们演奏得太好听了！"

高老师微笑着回应："你看，他们演奏得这么和谐，好像有着一种特殊的默契。然而，你可能不知道，他们中的有些人甚至不知道站在旁边的人是谁。孤独症儿童的主要问题在于沟通、社交障碍和刻板行为，有些还伴随着感官系统的失调。对于大多数孩子来说，音乐是一种美好的体验。他们对某些音乐的感受力、对声音的敏感程度，常常超越了很多同龄的儿童。所以，我们根据每个孩子的不同情况，给他们量身定制了音乐治疗的计划。我们希望通过歌唱、乐器弹奏、节奏训练、音乐游戏、音乐聆听、即兴演奏等多种形式的活动，刺激他们对周围人及事物的反应，促进他们的语言交流和目光接触。同时，这也能够增强他们的自我控制能力。音乐治疗已经是目前被广泛认可的治疗孤独症儿童的有效方法之一。"

我和何淼听后，不禁频频点头，深以为然。

"我特意给他们组建了一个乐团，他们每天排练都十分开心、享受。有的时候，他们还会出去参加演出。这样，不仅能帮助他们逐渐适应社会，也能让他们更好地融入社会。"高老师说到这里，脸上洋溢着欣慰的笑容。

4.2 与"星星"同行的人,也需要被照亮

我微笑着说:"我能够想象,在孤独症儿童的成长过程中,需要你们倾注大量的心血。"

高老师深有感触地回应:"确实如此,每一位孤独症孩子对家庭来说都是挑战,意味着永无止境的医疗和教育投入,甚至充满争吵和眼泪。"

我转而以温暖的语气提议:"今天,我们还想关注一下,那些照顾他们的人。"

高老师听后,眼中闪过一丝动容:"有你们的帮助,真是我们的幸运。"

随后,高老师引领我们进入"家长干预训练培训课"的现场,特训孙老师正在为三位家长授课。这是一个独特的教室,地面和半面墙都被防摔海绵垫覆盖,宛如一个安全的港湾。三位家长——两位妈妈和一位爸爸,正盘坐在地上,专注地聆听着特训老师的讲解。高老师向所有人介绍了我们的身份,这一次我们的身份是心理援助团队。

何淼则把镜头放在了一个固定的位置,确保每个人都能够被拍摄到画面里,然后就回到了人群中。我没有采取传统的采访方式,而是坐下来,与家长们倾心交流。

我好奇地询问:"学习干预课程,对您来说有哪些困难?"

天天妈妈无奈地笑了笑，回答道："挑战肯定是有的，但是我们必须要面对。只有家长不断地学习，才能找到帮助孩子的方法。"

我试着探寻："我曾经听说孤独症的孩子有着自己的世界，他们并不是无知无觉，而是拥有独特的情感，只是我们普通人难以触及他们的内心世界。每天面对这样没有回应的'单向沟通'，有没有哪个瞬间……想过要放弃？"

天天妈妈沉默片刻，坦言："别人我不知道，我确实曾经放弃过一次。"

我和何淼还没有结婚生子，很难完全体会她们在放弃与坚持之间那种彻骨的挣扎与痛苦。

天天妈妈轻轻叹了口气，继续说道："我是一个大学舞蹈老师，每天教学、表演非常充实，生活光鲜亮丽。但自从有了她，我的生活发生了翻天覆地的变化。我不仅要照顾她，还要面对来自各方面的压力。那时候，我特别不希望学校知道我有个患有孤独症的孩子，因为除了同情和嘲笑，他们没办法给予我更多的支持。在家里，婆家也总是质疑我、埋怨我。他们总是说，别人家的孩子都是健康的，为什么我生的孩子就有问题，是不是因为我跳舞太多，身体不好才导致的……"

何淼听后，忍不住愤慨地说："这简直是无稽之谈！"

我轻轻拍了拍她的手，示意她不要打断对方的倾诉，同时给予天天妈妈更多的理解和支持。

"那段日子，我除了上班，就是带孩子去各大医院检查、治疗，我们卖了一套房，就想为孩子的治疗拼尽全力，让她好起来。那个时候我的压力巨大，而周围都是不理解的人。有一天晚上，孩子爷爷生病，爸爸回去照料，晚上不回家住。当时，我看着她安静地躺在床上，小脑袋紧紧地挨着我，就像个小天使一样，纯净而美好。我忽然觉得世界都是无声的、空寂的。于是，我拧开了煤气阀门……"

她讲述的声音平静得令人心颤，似乎这段经历已被她深埋心底，或是已经真的过去了……

"那时，我妈妈对我的情绪非常担心，她每天晚上都会给我打几个电话问孩子的情况。但是那天电话一直无法接通，她就报了警，我和孩子错过了解脱的机会……又一次重生了。"

特训孙老师叹息道："很多家长在面临这样的坎儿时，都感到绝望至极，因为他们看不到希望，没有未来。"

乐乐妈妈接着说："我以前看过对演员王姬的采访，她说'我们这些自闭症儿童的家长，是一群死不瞑目的家长'。这句话我太认同了。我的女儿今年已十九岁，身高一米六五，但她的心智却还在五到八岁之间。我每天都在担心，如果我离开这个世界了，她该何去何从？又有谁能像我这么爱她、照顾她，把她当作家人一样呢？"

"对于很多孤独症儿童的家庭来说，别人做起来非常简单的日常琐事，对我们来说都是非常大的挑战。为了孩子，家里必须要有人放弃工作，全职陪伴。这导致有的家庭收入远低于普通家庭，而支出却异常庞大。有些家长甚至不惜变卖家产，到北上广一线城市寻找更好的干预机构，但结果却不一定尽如人意。有的时候，我真的感到很绝望，想要放弃。孩子得不到社会的理解和支持，融合教育更是遥不可及。我常常自责，为什么自己不够强大，没办法为孩子创造一个更好的未来呢？或许，其他母亲能做

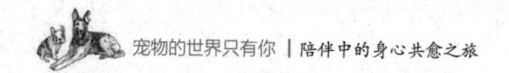

得更好吧。"乐乐妈妈的声音中充满了无奈和辛酸。

"你们已经做得很好了,不要过于苛责自己。"何淼忍不住安慰道。

我转向在场的唯一男士——小铭爸爸,问道:"您平时陪伴孩子的时间多吗?"

小铭爸爸叹了口气,回答道:"并不多。大部分时间都是妈妈在照顾孩子,我需要工作来维持家庭的开支。当然,在得知我儿子是孤独症儿童的时候,我也怀疑过这个结果。第一反应就是,是不是弄错了啊?我一直在逃避这个事实,很多父亲也都是我这种心理。但随着时间的推移,我也逐渐接受了这个事实。孙老师和高老师都一直强调父亲的陪伴能让孩子变得更好,所以我只要有时间就来这儿学习,希望能够和孩子的心再近一点。我们公社里有80%的家庭是妈妈主要负责照顾孩子。"

他的话语让在场的两位母亲和女老师们陷入了沉思,气氛一时变得沉重起来。

特训孙老师感慨万分地叙述:"我遇到过一个患有高度自闭症的孩子,给他进行语言教学的时候,整整两个小时里,他一直沉浸在自己的世界里,对我视而不见。他有的时候像猴子一样上蹿下跳,难以控制,有的时候还冲我吐口水,我当时特别无奈和绝望。但是,在我给了他两颗糖的时候,他欣喜地接过一颗,然后把剩下的一颗递给了我。那一刻,我深深地感受到这个孩子的纯真与温暖……"

她抬头看着我,眼中闪烁着坚定与希望:"在我们这个群体中,大多数妈妈独自肩负起孩子的教育和陪伴,父亲们常常选择逃避。孩子们感到孤独,家长们也同样孤独。所以,我们相互鼓励，彼此慰藉，就成了彼此的力量。"她轻轻叹息，"有的时候，我也处在紧张、难过的情绪当中，特别需要心理援助。"

我深表理解，并安慰她："请放心，我们以后会定期来这里提供心理援助的，还会开设一些心理公益课程，希望能为老师、家长和这些特殊的孩子提供一些力所能及的帮助。"

孙老师等人听后，纷纷向我表达感激之情。然而，乐乐妈妈却始终保持沉默。

"你觉得'星星的孩子'这个说法浪漫吗？"乐乐妈妈突然向我提问。

我被这突如其来的问题给问住了，瞬间有些犹豫。看着她眼中闪烁的泪光，我意识到我的回答需要更加谨慎。

"他们总说乐乐是'星星的孩子'，难道他不是我的孩子吗？为什么我总是感觉和他之间隔着一道无法逾越的鸿沟，永远走不进他的心里？如果他是星星的孩子，那我又是谁的母亲呢？"乐乐妈妈的语气中充满了无奈与痛苦。

我深知"浪漫"这个词有时也掩盖着残酷的现实，正如那些璀璨的点翠首饰，虽然美丽，却是以活翠鸟的羽毛制成的。

乐乐妈妈的话触动了在场所有家长的心弦，一时间，空气中弥漫着沉默与泪水。

此时，有人敲门打断了这沉重的氛围："高老师，于老师来了，这次还带来了三只辅助犬。"

"太好了！"高老师立刻振作起来，也顾不上周围悲伤的气氛了，迅速起身，"走，我们去看看。"

4.3 宠物给予的安全感和信任

美国密苏里大学兽医学院人与动物关系研究中心的资深研究员格雷琴·卡莱尔，在一项深入调查中揭示了宠物狗与自闭症儿童之间紧密的联系。据她研究，在调查的70个自闭症儿童家庭中，高达2/3的家庭拥有宠物狗，且其中94%的家庭表示，患有自闭症的孩子与他们的宠物狗之间建立了极其亲密的关系。即使在不养狗的家庭中，也有70%的自闭症儿童表达了对狗的喜爱。

卡莱尔认为，宠物狗无条件、无偏见的爱与陪伴，就像自闭症儿童生活中的一盏明灯，为他们提供了巨大的帮助，并在社交中扮演着不可或缺的"润滑剂"角色。例如，当邀请邻居家的孩子与宠物狗一同玩耍时，这些忠诚的伙伴便能成为桥梁，协助自闭症儿童融入群体，学习与人相处和交流。她曾在《儿童护理杂志》上分享她的研究，并指出："对一些家庭来说，宠物狗也许是最佳的选择。但由于不同自闭症儿童的独特兴趣偏好，也许其他动物诸如猫、兔、马等才是最适合他们的宠物。"

在书籍、电视与社交媒体中，我时常见到那些作为特训老师，陪伴孤独症儿童的孤独症辅助犬[①]的身影，但遗憾的是，我还没有机会和它们亲密接触。

---

① 孤独症辅助犬是工作犬的一种，经过训练后可以为孤独症儿童提供干预和辅助治疗。

四十多岁的于老师，不仅是一位技艺精湛的宠物训练师，更是孤独症儿童工作犬训练的公益使者。除了日常的工作，他一直致力于为盲人、孤独症儿童训练工作犬，这是他做公益事业的情怀。

"老于，你们可算来了。"活动教室外，高老师一见到于老师和他的团队，就仿佛见到了希望的曙光，热情地与他们打招呼。

此时，于老师身旁，三只辅助犬乖巧地跟随着，其中有一只金毛、两只拉布拉多，它们好像知道即将肩负起守护的重任，显得格外沉稳。

于老师微笑着说："好饭不怕晚。这三只辅助犬是我们从两百多只犬中精挑细选出来的，经过两年半的严格训练，已经完全符合国际辅助犬组织（ADI）的训练标准。现在，它们已经顺利毕业，希望今天能够找到可以匹配的家庭，给他们提供帮助。"

据我所知，去年于老师就成功训练了两只辅助犬，并且将它们免费赠送给了公社里两个孤独症家庭。这些特殊的伙伴，不仅极大地缓解了孤独症家庭的压力，更为孩子们带来了无尽的欢乐与安慰。

我们透过窗户向活动室望去，孩子们依旧沉浸在自己的小世界里。随着高老师的引导，于老师带着三只辅助犬走进了活动室。他轻轻解开工作犬的牵引绳，三只毛茸茸的小伙伴便悠然自得地迈着步伐，带着一丝"熟门熟路"的自信，踏入了这个充满期待的空间。

面对这些突如其来的新伙伴，活动室里的孩子们反应各异。然而，大部分孩子依旧沉浸在自己的世界中，对它们的到来显得漠不关心。

三只工作犬在宽敞的活动室内灵活地穿梭，它们时而轻嗅着孩子们的颈项，时而亲昵地蹭过正在玩耍的孩子们的胳膊。

在此期间，我们几乎都屏住了呼吸，生怕打扰到这份和谐。

我注意到于老师团队的成员正专注地观察着孩子与辅助犬的每一个互动细节，于是我悄然走到于老师身边，轻声赞叹："于老师，您挑选的这三只工作犬，不仅智商高，而且性格温驯，真是难得一见。"

尽管我是养猫之人，但在汪繁的耐心讲解下，我也对狗狗有了不少了解。

于老师目不转睛地观察着现场，解释道："让孩子们和宠物互动，其实只是我们主动训练方式的一部分。对于身体协调能力较弱的孩子，我们会适当增加一些运动方式，所以，在初期筛选的时候，我们就特别注重宠物的温驯性。孤独症辅助犬的应用在国外已有约三十年的成功经验，金毛和拉布拉多是其中非常出色的品种，它们聪明、温驯，几乎没有攻击性，而且非常热爱户外活动，能很好地协助自闭症孩子进行体能训练。"

我若有所悟地点点头，又好奇地问："这些工作犬是不是必须严格听从指令呢？"

"是的，"于老师回答道，"我们训练它们掌握站、停、坐、跟随等27个基本口令，以及安抚、锚定、深度拥抱3个高级指令。使用英文口令是为了避免它们把训练口令和日常交谈混淆。当然，它们还具备自主判断的能力，能在孩子情绪低落或行为过激的时候给予及时的安慰。在没有接收到指令的情况下，它们甚至不会吃饭、喝水、大小便。"

第四章 闪烁的"星星"在宠物世界找到朋友

渐渐地，几个孩子开始展现出对狗狗的友好和兴趣，他们主动伸手抚摸狗狗。一旁的家长们看到这一幕，既欣慰又激动。

突然，一个孩子的尖叫声打破了宁静，拉布拉多雷诺迅速跑过去，温柔地蹭了蹭她，然后近乎拥抱般地陪伴在她身边。那个孩子瞬间安静下来，好奇地抚摸着雷诺，一旁的妈妈惊讶地捂住嘴巴，眼中闪烁着激动的泪花。

图4

这一刻，我深深震撼与感动。我激动地问于老师："这真是太神奇了！但可惜这样的工作犬训练起来难度极大，数量也有限。普通家庭能不能用宠物来代替呢？"想到我迫切的心情，我忙补充说："不好意思，我可能有些心急了。"

　　于老师轻轻摇头，微笑着说："你这份热心真是难得。确实，根据美国和澳大利亚的研究机构的研究结果，小动物在孤独症儿童的干预中扮演着非常重要的角色。它们能够显著地改善孤独症儿童的社交障碍，促进他们增加社交行为，有效地调适紧张情绪。作为动物辅助治疗的媒介，除了狗，还有猫、豚鼠等动物也同样能发挥疗愈作用。比如，猫就能够让孤独症儿童得到平静，并在社交技能、沟通、合作、责任感和自我控制等方面为他们提供助力。"

　　他说到这时，话锋一转："但是，每个孩子的情况都是独特的。有的孩子可能对音乐情有独钟，有的则对绘画充满热情，还有的则对小动物有着特殊的感应。我们不能过度夸大或神化宠物对孤独症儿童的影响。在条件允许的情况下，如果孩子对小动物有着特别的喜爱，并且在和小动物相处时能够减少情绪问题，那么，为孩子养一只专属的小动物，一方面能锻炼他们的能力，另一方面也为他们的童年增添更多的陪伴。但是，家长也得注意，如果宠物犬长时间处于无聊的环境中，动物的本能可能会驱动它做出一些调皮的举动。所以在选择宠物的时候，必须确保它们性格温和，不具有攻击性。"

　　于老师示意我观察场上的三只辅助犬，它们确实表现得非常友善，没有任何显露攻击性的迹象。

4.4 他们和它们,在彼此陪伴中学会靠近世界

一个多小时后,三只辅助犬都成功找到了和它互动率较高的孩子。

于老师脸上洋溢着欣慰的笑容,暗暗松了口气,转头对高老师提议:"我们到院子里走走吧。"

随后,我、何淼以及三位家长带着孩子们,在于老师的引领下,牵着三条辅助犬走出城堡,到了院子里。

于老师与他的团队同事们细心地为三个孩子系上绑带,把辅助犬与他们紧紧相连。家长们则紧握着狗狗的牵引绳,确保一切安全有序。

于老师一边耐心地向家长们传授指令,一边细致地观察孩子们的反应。

4岁的小男孩果果对他的金毛犬茉莉情有独钟。即使在户外可以尽情奔跑,他也舍不得离开它的身边,只是坐在地上紧紧抱着狗狗。他时不时地抚摸着茉莉的头,轻轻地揉搓,而茉莉则安心地依偎在果果的怀里,享受着这难得的亲密时光。

虽然狗狗无法用言语表达,但在此刻,它们却比人类更能触及人们的心灵深处。我们看着果果,他不再孤独地沉浸在自己的小世界里,而是开始勇敢地触摸外界的美好,大家都很开心。

一个3岁的小姑娘蹲在狗狗希瑞面前观察了片刻。突然,她

抬手轻轻地拍了一下希瑞的头。然而，希瑞并没有生气，反而温柔地伸过头去蹭了蹭小姑娘的脸颊。小姑娘被这突如其来的亲密举动所打动，她突然抱着希瑞的头，轻轻地亲了一口。小姑娘的妈妈见状，也松了口气，开始带着女儿和希瑞在院子里散步，增进彼此的了解。

"啊！啊！"

原本温馨的画面，突然被5岁小女孩悠悠的一声尖叫打破。她原本走得好好的，却突然毫无预警地想要奔跑起来。这种突发性的行为一直让她的家人忧心忡忡。但是这次，雷诺竟然稳稳地牵住了她，像个温柔的守护者将她安全地锚定在原地。尽管悠悠用尽力气想要挣脱，但雷诺却如同磐石一般坚定，直到她的情绪逐渐平复。在这份难得的宁静中，悠悠开始重新和雷诺并肩而行。在狗狗的陪伴下，悠悠仿佛获得了前所未有的勇气，甚至想要探索外面的世界。对于孤独症儿童而言，这样的变化无疑是家人难以想象的。

对于孤独症儿童来说，这些可爱的宠物不仅仅是陪伴，它们用行为和存在传递出一种深刻的理解和接纳，这是极其宝贵的。它们无须言语的交流，就能和孩子们建立起一种情感纽带，让他们感受到被爱与被呵护的温暖。

在宠物的陪伴下，孤独症儿童能更好地和外界建立联系，学习社交技能，并在安全的环境中勇敢地探索和成长。宠物们的存在，为孩子们创造了一个充满温暖、理解和接纳的空间，让他们能够在自己的步调中，逐渐敞开心扉，拥抱世界的多彩与美好。

何淼用镜头捕捉着每一个温馨而神奇的瞬间，她感慨地说："真希望能够有更多的人关注这个特殊的群体，给予他们更多的帮助和支持。"

我转身，目光落在身旁的高老师身上。她凝视着星星的孩子们与狗狗之间亲昵的互动，眼中闪烁着感动的光芒。

我思忖片刻，问道："高老师，您觉得这些孤独症的孩子，在未来面临的最大挑战是什么？"

高老师轻轻回眸，叹了口气说："孩子们会一天天长大，家长们一直担心他们如何融入社会。这些来自星星的孩子，他们本身极度内向，性格孤僻，不愿意轻易和外界交流。就算有些具备一定语言表达能力的孩子渴望社交，想和其他孩子一起玩耍，但也常常因为理解和表达社交信号方面存在障碍而造成误会。他们可能想要抱别人、摸别人，他们没恶意，但容易被误解。"

我点点头，深表同感："他们沉浸在自己的世界里，在理解社交规则和非语言沟通能力方面都有挑战，很难给出恰当的回应。"

高老师叹息着说："确实如此。他们想要融入正常的社交生活，可谓举步维艰。他们缺乏社交技巧，难以理解表情、姿势和身体语言这种非语言的沟通，这让他们在交朋友、参与社交活动或工作过程中难以理解和适应规则。而且，他们异于常人的行为，往往会使他们遭受排斥、歧视甚至欺凌。"

"这需要加强科普和宣讲，为孤独症患者创造一个更加包容和支持的社会环境。"我认真地说。

"此外，教育和就业也是他们面临的巨大挑战。"高老师补充道。她转头看着我，眼中闪烁着坚定的光芒："记得我带你们参观绘画室吗？"

"当然记得。"我们跟随高老师走进一间洒满阳光的房间，

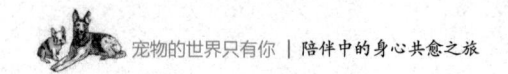

七八个小孩正专心致志地围坐在桌子前画画。

每个孩子都沉浸在自己的创作中，他们的作品色彩缤纷、想象力丰富。有的细腻地描绘着具体的动植物，有的则勾勒着天马行空的抽象图形。这些作品宛如他们的心灵之窗，展现了他们独特的才华和魅力。

高老师脸上洋溢着骄傲的笑容："我们公社内部有一位家长经营着咖啡连锁店。我们把孩子们的画作挑选出来，制成精美的包装盒，并批量制成文创咖啡。售卖后的部分收入将用于公社的内部管理和孩子们的干预治疗。这不仅帮助他们逐渐适应社会和工作，还给他们提供一个展示自己才华的平台。"

"这是一个充满创意和温情的尝试。"我由衷地赞叹道，"我也会尽我所能，把这份爱心传递给更多的人。"

在这里，我们看到了一个坚强而孤独的群体。然而，每一个在孤独症领域取得进展的人都离不开社会的支持和关爱。希望我们这次拍摄的宣传片能够让更多的人了解他们、认识他们、支持他们。

第五章

空巢不空心，宠物陪伴缓解亲密关系恐惧

5.1 空巢青年与橘猫：一份孤独中的温暖陪伴

在一个阳光明媚的春日午后，我带着心爱的宠物猫福宝和精心挑选的伴手礼前往白勤家探病。

白勤律师是我在宠物俱乐部结识的挚友，那时我们都有充裕的闲暇时光，每半个月都会相聚在俱乐部交流各自的养宠趣事。在谈笑风生的时光里，我们从陌生人逐渐成了无话不谈的好友。

最近，我在他的朋友圈看到了他生病的消息，心中不禁有些担忧。作为在这个陌生城市中独自生活的青年，我深知在病痛来袭时如果有亲近的朋友照顾是多么宝贵的抚慰。而幸运的是，我和白勤恰好住在同一个社区，于是我主动联系了他，到他家探望。

当我敲开他的家门时，他病态的面容出现在我眼前。我笑着打趣道："你这个工作狂，竟然也有病倒的时候？"

白勤沙哑着嗓子，无奈地摇了摇头："最近正在处理一个夫妻离婚案件，忙得焦头烂额的。没想到这场倒春寒来得这么猛，一下子就把我撂倒了，昨晚发烧38度，早晨才退烧。"他边迎接我进屋，边感谢我来探望。

我走进屋内,见他的橘猫花茶正慵懒地窝在沙发里,金丝楠木一样的毛发,远看宛如一颗温暖的橘黄色绒球。我将伴手礼递给他,上前挠了挠花茶的下巴,它立即舒服地眯着眼睛抬起了小脑袋。我笑道:"没想到平时看起来懒洋洋的花茶,居然还会照顾你。"

白勤听后,脸上露出了惊喜的笑容,说:"是啊,我也没想到。它平时特别高冷,有时候对我都是爱搭不理的。但昨天我发烧的时候,它居然把猫粮叼了几颗在枕头边,让我吃!你不知道,当时我感觉心都要融化了。"

图5

我当然知道生病时候有猫陪伴的感觉,我把福宝从猫包里放出来,让它和花茶一起玩耍。这两只猫咪都是社交达猫型,又经常碰面，所以很快就因为一个毛线球玩具玩儿在了一处。

白勤家里的装饰看起来温馨而舒适，暖色调的布置让人倍感轻松。阳台上摆放着猫爬架和猫窝，还有种类齐全的零食罐头和各式各样的小衣服。

我把炖好的一盅梨汤水递给了他。休息时间的白勤，穿着舒服的居家服靠在沙发床上，虽然很疲惫，但不忘向我道谢。

我不禁想起在俱乐部里初次见到他时的情景，他穿着米色T恤和淡蓝色牛仔裤，怀中的橘猫温驯可爱，与人交谈时脸上总是挂着得体又绅士般的微笑，给人一种温文尔雅又不张扬的感觉，与传统印象中不苟言笑的律师形象大相径庭。

我走到阳台翻看他给花茶准备的各种小衣服，笑道："你年纪轻轻就跻身大律所合伙人行列，专业能力又是业界翘楚，收入也颇丰，怎么35岁还没结婚？如果结婚了，你生病的时候也有人能照顾啊。你在俱乐部可是女孩们嘴里的'钻石王老五'啊，什么时候也让我们这些朋友沾沾你的喜气呢？"

白勤听后，脸上露出了无奈的笑容："唉，缘分这东西，强求不来的。而且，我对婚姻没有太多向往。"

他看到我不解的神色，微微耸肩道："我做律师的这十来年，见过太多夫妻反目成仇、争吵背叛、对子女不负责任的案子了。我觉得我可能并不适合婚姻生活，而且我工作忙起来根本没办法照顾女朋友……"

这时，花茶走过来慵懒地伸了个懒腰，轻盈地跃入他的怀抱。他顿时散了满脸疲惫，温柔地抚摸着它柔顺的毛发，脸上浮现出宠溺的笑容："有花茶就够了，它就是我的家人。"

"那你父母也同意你的选择吗？"我好奇地问道。

白勤露出自嘲的微笑，缓缓道："他们啊，自己的事情都处理不好。在我的记忆里，他们好像永远在争吵与打架，离婚两个字好像成了他们的口头禅。而我，不过是他们不幸婚姻的牺牲品，一个不断承受他们情绪宣泄的出气筒。终于，他们选择了分道扬镳，各自组建了新的家庭。而我，又像一只被踢来踢去的皮球，在他们之间辗转流离。那时候，我总觉得是我的出生，让他们的生活变得一团糟，所以我就想一定要离开他们。我知道读书是我唯一的出路，所以，我埋头苦读，终于考上了大学，现在终于能够摆脱他们了。"

5.2 害怕和他人建立亲密关系

也许是生病让人脆弱，这是我第一次听他讲述自己的过往，尽管他语气平静，但我仍能感受到其中的辛酸与不易。他背井离乡，孤身奋斗，一定是付出了极大的努力，才换来今日的成就。

我仔细观察着他与花茶的互动，心中不禁涌起一丝好奇，试探着问道："白勤，你每次在谈论个人生活的时候，都好像有点犹豫。冒昧问一句，你是不是对婚姻有所顾虑，或者有其他的想法？"

这个问题似乎触动了白勤的内心深处，他稍作沉吟后，带着一丝无奈的笑容回答："确实，我对婚姻没有信心。也许是因为看到过太多不幸福的例子了。"

我若有所思地点点头,戏谑地道:"那你现在岂不就是典型的'空巢青年'了?一个人生活,还养着一只猫,过着自在的单身生活。"

我知道在这座繁华的都市中,有无数像白勤一样的年轻人,他们怀揣着梦想,远离故土,租住在狭小的空间里,整日过着单调的两点一线生活,他们把这种都市生活当成暂时的过渡。可面对钢筋水泥丛林中的冷漠与压力,孤独与艰辛始终如影随形,他们无法体会家庭的温馨,只能在和宠物的互动中找到情感慰藉和生活的乐趣,最终成了网络时代所定义的"空巢青年"。

白勤似乎对于这个标签并不太在意。他轻松地笑了笑,说道:"你说得没错。我曾经也交过女朋友,但每到谈婚论嫁的时候,我心里就感到担心、害怕,始终无法迈入婚姻。所以,我选择了一个人生活,把全部的热情与精力投入工作和兴趣爱好中。对我来说,这样的生活方式反而更加充实和自由。"

我看着他与花茶和福宝互动时的轻松与愉悦,眼中满是宠爱与温柔,便不禁好奇地问道:"你不会觉得孤单吗?"

他摇了摇头,微笑着回答道:"完全不会。每天下班回家,花茶都会准时在门口的鞋柜上热情地迎接我,虽然它并不特别依赖我,但总会在我的视线范围内,确保它能看见我,我也能知道它在哪里,这种简单的陪伴让我感到无比温暖和舒适。而且,也是因为花茶,我才加入了宠物俱乐部,结识了像你一样志同道合的朋友。每天下班回家,给花茶喂食、梳毛,看着它吃饱喝足翻肚皮的可爱样子,所有的疲惫和烦恼都会烟消云散。对我来说,简单又纯粹的生活就是我所追求的幸福。"

从他的言辞中,我能够深切感受到他对于如今独立自由生活的由衷喜爱，以及花茶在他生活里的分量。然而，从他偶尔传来的咳嗽声中，我又仿佛听见了他独自品味生活的孤寂与坚韧。

白勤舀了一碗梨汤水，坐下来慢慢品尝。两只猫在地上互相舔毛，时光缓慢而温和。

我脑海里冒出一个疑惑，笑着问他："你有没有听说过'亲密关系恐惧症'？"

白勤喝了一口梨汤，眼中透露出些许疑惑："没听过，什么意思啊？"

我思索着如何以最简洁且不失尊重的方式解释。我认真地看着他，缓缓开口："请先允许我表明一个观点。"待他郑重地点头后，我继续道："无论是恐惧还是担忧，这些都不是你的过错。"

白勤的神情微滞，虽尚未全然领悟我的用意，但他仍示意我继续说下去。

我措辞谨慎地解释道："亲密关系恐惧症并不是一种病理状态，它在心理学领域主要表现为，个体在人际交往中刻意保持距离，拒绝过度亲密，难以真正融入某个社交圈子。这类人内心深处渴望着与他人建立深厚的情感联系，但又常常担忧自己的感情付出无法得到相应的回应，从而引发焦虑情绪，进而逐渐回避亲密的关系。你父母在你童年的争吵和冲突，无疑给你的心里留下了难以磨灭的阴影。这样的成长环境，也在很大程度上塑造了你对婚姻这种亲密关系的看法。 我知道，你非常享受目前自由自在的生活状态，但据我对你的了解，你的内心深处其实仍然渴望着能够拥有一段美好的婚姻。你只是过于谨慎，害怕再次受到伤害和背叛，因此在面对婚姻议题时选择了回避。从某种程度上说,这也是你自我保护的一种机制。所以我才说,这一切并非你的错。"

白勤静静地聆听着我的话语,眼中似乎闪烁着某种深深的触动。他凝视着优雅进食的花茶,陷入了沉思。过了许久,他轻声呢喃道:"呵,这是我第一次听到有人说,这不是我的错。"

"当然不是,婴儿是无法选择自己的家庭的,你无须为父母当年不成熟的婚姻感到愧疚。"我坚定地回答,"何况,就算你的原生家庭可能没有给你提供足够的情感支持,但这并不意味着你不能在未来建立健康美满的亲密关系啊。"

白勤有些动容地看着我,我可以从他的眼神中看到微微泛起的雾气,他轻声道:"谢谢。"

为了缓解这略显沉重的氛围,我笑着打趣道:"你看,你并不是没有人关心,花茶不是把你照顾得很好吗?你生病时,它会主动分享自己的猫粮;你孤独时,它还会领着你参加各种俱乐部活动。我们之所以能够成为朋友,这一切的缘分都是因为花茶的存在啊。"

白勤非常认同地点了点头,他举起盛着花椒梨汤的碗,笑道:"你说得对,这一切的羁绊都是缘起花茶。至于亲密关系恐惧的问题,希望你能帮我找到解决的方法。"

5.3 宠物的纯粹与真挚疗愈人心

作为朋友，我当然愿意伸出援手。

那日，和白勤告别后，我便给何淼布置了新的研究任务，让她深入探究近年来空巢青年的宠物饲养状况。直至今日，我们才得空坐下来共同探讨。

何淼手捧咖啡杯，来到我的办公桌前，说："老师，我翻阅了网络资料，发现2019年网易新闻发布的《空巢青年画像》报告揭示了一个十分惊人的现象：现在国内空巢青年的人数已突破5000万大关，且增长势头依然迅猛。这群人中，有相当一部分选择了养宠物作为生活伴侣，宠物种类也是五花八门，从猫狗到鹦鹉、羊驼，应有尽有。更值得一提的是，有高达19%的青年将宠物视为生活的重要伴侣。"她轻啜一口咖啡，眉头微蹙，疑惑地看着我："不过，有一点我特别不理解，竟然有8%的人特别偏爱养猫。"

我仔细翻阅着她发来的资料，笑着回应道："我便是那8%中的一员啊。猫作为宠物，其性格与行为方式确实独特。它们既不会像狗那样过分依赖人类，也不会因主人的疏忽而焦躁不安。相反，它们总是以一种自然、率真的方式表达情感与需求。我记得英国动物行为学家约翰·布拉德肖曾对猫的行为进行过深入研究。他提出一个有趣的观点：在猫的思维中，人类并非异族，而是另一种形态的猫，只是体型更为庞大、动作稍显笨拙而已。这个观念给我们理解猫与人之间的关系提供了新的视角。猫并不会过分依赖人类，它们更倾向于保持一种相互独立、互不干扰的和谐关系。而当它们主动亲近人类、寻求关注时，那种难得的温情便显得尤为珍贵。"

"那么，白勤养猫也是出于这样的原因吗？"何淼好奇地问道。

我颔首微笑，答道："是的。他曾经说过他平日里工作繁忙，作息不规律。如果养狗，光是每天定时遛狗这一项他就难以做到。而他养的那只橘猫花茶，只需要每天早晚给它准备好水和食物，晚上回家后尽量抽出时间陪伴它就好，这种相处方式既轻松又愉快。他对花茶非常好，不仅买了罐头、营养品、玩具，甚至还给它挑选了很多可爱的小衣服。"

何淼闻言，脸上露出难以置信的表情："竟然还给猫买衣服？他岂不是把花茶当成自己女儿来养了？"

我忍俊不禁，解释道："也许吧。养猫的确能给人带来一种特殊的情感体验。它会用头蹭我们，跟随我们的脚步，甚至在睡姿上都与主人保持一致，这种微妙的方式正是它们在表达对主人的认同与喜爱。作为主人，我们会感受到被它们依赖和珍视的幸福。"

何淼恍然大悟："哦，我想起来了，猫咪那种'婴儿图式'的长相确实能激发人类的养育本能，促使大脑分泌多巴胺等快乐物质，进而增强主人和猫咪之间的情感联结。"

"你说得很对。"我对她的见解给予了充分的肯定，"在宠物的世界里，主人无疑是它们生活的全部重心。这种纯粹而真挚的以主人为中心的爱,不附带任何条件和苛责,这就显得尤为珍贵。对于像白勤这样的养猫人而言,他们所追求的,是一种建立在相互陪伴和生活共享之上,同时又不忘尊重彼此的独立性和自由度的、健康平衡的人宠关系。由于原生家庭没能给予他足够的情感滋养和安全庇护,白勤便在内心深处寻觅一种更为稳固、平等的情感纽带,以填补那份缺失的安全感与满足感。"

何淼沉思片刻,恍然大悟般点了点头,道:"我知道了,职场白领把大部分精力都投入到工作中,闲暇时更青睐于享受一个人的自由与自在,把更多的精力倾注于个人成长和兴趣爱好的培养之上。"

"没错,和花茶相处能让他感到快乐和幸福。"我赞同地点了点头,继续道,"但这并不意味着他内心深处完全排斥与他人的亲密关系,而是对关系的选择和维系有了更为理性和审慎的态度。如果双方的条件和期望无法完美契合,就像猫一样给予他全然的爱,那么他宁愿选择保持单身,也不愿让亲密关系成为自己生活的羁绊。在这样的前提下,养猫无疑成了一种理想的选择。"

何淼笑着打趣道:"如果没有花茶的陪伴,难以想象他的生活会变得多孤单。"

5.4 与其说在养猫，不如说在养一颗相信爱的心

我翻开手机相册，把宠物俱乐部主题活动的精彩照片展示给何淼看，笑着调侃道："好在白勤能为了花茶踏出舒适区，尝试加入宠物俱乐部，去构建全新的社交圈层。"

何淼一边仔细浏览着照片，一边分析道："建立新的社交圈的确能产生新的亲密关系，不过……"她在端详了几张照片和视频后，才缓缓开口，"我看白勤在沙龙里的表现，似乎有些不太自然，既想积极融入这个集体，又好像有些犹豫和顾虑。"

我回想起与白勤初次相识时他那副疏离的模样，不禁笑道："对白勤来说，早年与抚养者的互动经历已经根深蒂固地塑造了他成年后在建立亲密关系时的行为和情感反应。这些经历转化为了一种内在的工作模型，无形中引导着他在成年后的社交互动和亲密关系中复现那些熟悉的行为模式。这让他在面对亲近关系时，可能会表现出一种内在的抗拒或恐惧感。"

何淼一脸认真地追问道："老师，像白勤这种亲密关系恐惧症该怎么克服呢？他对自己存在这种问题是什么态度啊？"

"白勤是个勇敢的人。当我提醒他认识到这个问题时，他勇敢地正视了自己的伤痛，这是迈向康复的重要一步。"我收回手机，略微思索后说，"接下来，我会推荐他与合适的心理医生进行深入的沟通，引导他探寻内心恐惧与不安的根源，调整心态，

培养积极的感情观念。"

何淼很认同地点点头。

"当然，他还需要深化自我认知。如果白勤对自己有一个更清晰的认识，了解自己的优点和不足，就能坦然地面对内心的需求，这是为他建立健康、稳定的亲密关系奠定基础。"我很认真地说。

何淼似乎也被激发了专业的热情，补充道："我觉得，开诚布公地沟通很重要。如果白勤能够遇到新的女朋友，他应该鼓起勇气，学会表达自己的内心世界，不管是过往经历、希望、恐惧还是梦想。只有坦诚的交流才能够促进双方的理解和亲密度。"

我对此十分赞同，说："确实，在亲密关系的互动中，过度压抑自己的内心需求反而可能导致误解，甚至危及关系。所以勇敢地表达内心的需求与感受，才是构建健康亲密关系的不二法门。"

何淼进一步深化了这个观点："白勤还可以通过有意识的社交练习来克服恐惧。主动和形形色色的人打交道，不仅能让他学会如何建立和维护亲密关系，更是一场深刻的自我探索和自我认同的过程。"

"对于白勤而言，更重要的是他需要正视并解决那些和原生家庭紧密相关的情感纠葛。同时，他还要学会在亲密关系中灵活地调整自己的界限。他现在面临的挑战，或许就是因为他的界限过于僵化和不成熟，从而导致了对亲密关系的恐惧和回避。认识到早期经验如何塑造了他当前的界限，并不意味着要完全放弃界限，而是要找到一种平衡，这样才能让白勤既感到安全，又能在现实生活中实现更真实和更有意义的连接，享受亲密关系带来的温暖和支持。"

我则认真地补充道:"所以,白勤的个人成长之路,首先需要建立在深化自我认知的基础上。识别自己的长处和需要改进的地方不仅有助于提升自我价值感,也是构建健康亲密关系的前提。"

何淼深有感触地点点头,随后轻轻地叹了口气:"对白勤而言,这确实是一个不小的挑战。"

我笑着安慰道:"每个人克服亲密关系恐惧都不容易。白勤内心长期笼罩在孤独和恐惧的阴影下,对稳定、安全的情感有着强烈的渴望。虽然花茶能一直给他带来心灵上的慰藉,成为他生活中的一道光,但他仍然需要努力去寻找更多解决问题的办法。"

"嗯,希望他能够早日建立稳定、健康的亲密关系。"何淼认真地说。

我们的谈话结束后,我便开始为白勤寻找专业的心理支持。在这座繁华都市中,每个"空巢青年"都在以自己的方式书写着人生的故事。我真诚地希望白勤能够主动觉察,深刻地理解世界的多样性,并从中生出对自己和他人的包容与爱。愿他能够勇敢地面对并超越过去的阴影,学会接纳自己,理解他人,在未来的岁月中找到那份真正属于自己的幸福。

第六章

生命新希望，汪星人助失独老人生活重建

6.1　失独老人的过度自责与认知扭曲

近期新片上映,我跟何淼相约周末去看电影。观影途中,张大姐的来电打破了宁静,影片落幕,我才走出影院回拨过去。原来,舒心敬老院要领养一批猫、狗、兔子等小动物,张大姐因为忙着照顾新生的小狗,分身乏术,就委托我前去送养。

都说小动物是幸福的催化剂,尤其是对于那些生活在暮气沉沉、略显寂寥的敬老院中的老人。它们的到来,无疑能给敬老院注入无尽的活力与欢乐。同时,敬老院收养这些流浪动物,也为救助站减轻了不小的压力。

听到这个消息,我欣然应允。况且,舒心敬老院也是我们心理援助的定点单位。于是,我挑选了一个阳光明媚的日子,带上何淼,装载着可爱的小动物们,踏上了前往敬老院的旅程。

舒心敬老院的吴院长是一位四十多岁的中年女性,身着新中式丝绸套装,短发柔顺。她见我们到来,笑容满面地迎接上来:"本来想派同事去接你们的,但最近新来了几位老人,实在抽不出身,只能辛苦你们跑一趟了。"

"没关系,没关系,我们还要感谢您为动物救助站减轻压力

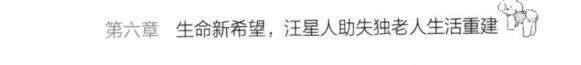

呢。"我礼貌地回应。

我们一边寒暄,一边把宠物们从车上逐一抱下。这一次,舒心敬老院收养了5只狗、8只猫,以及几只兔子和数十只小鸟。

吴院长满含爱意地凝视着这些活泼的小生灵,温柔地说:"为了迎接这些小家伙,我们提前两周就开始忙碌了,定制笼子、购买粮食和玩具,简直忙得团团转。"说完,她又向小动物们投去灿烂的笑容,说道:"欢迎你们成为舒心大家庭的新成员。"

这句话如同冬日里的一缕暖阳,穿透了寒冷与阴霾,让我和何淼心中涌起莫名的感动。

随后,吴院长叫来了几位同事帮忙安置小动物,而我与何淼则被邀请到小花园漫步。

吴院长的笑容逐渐收敛,她边走边认真地说:"最近,我们这里来了一位特殊的老人。她年轻的时候是一位地质勘探方面的专家,非常了不起。但不幸的是,她的独生子在两个月前为了救一个小孩遭遇车祸去世了。她的哥哥帮着把侄儿的葬礼处理完,担心她一个人在家会胡思乱想,就把她送到了这里。她今年才65岁,还年轻着呢。"

"啊?"我和何淼听后,不禁感到震惊与惋惜。

她停下脚步,随后手指指向远方:"那位,就是孟奶奶。"

我跟何淼顺着她指引的方向望去;只见不远处的凉亭内,一位满头银发的老人孤独地坐着,背影略显佝偻。她上身穿着湖蓝色的衬衫,下身隐约是一条黑色长裤,虽然看不清长相,但又能感到她难以言喻的忧伤。

"她好像在揪自己的头发。"何淼忽然低声惊呼。

我眉头紧锁，心中的担忧如同藤蔓般蔓延。

吴院长叹息一声，语气中满是无奈："她来到这儿以后，也不好好吃饭，整夜失眠。每天几乎是以泪洗面，要是看到别人家来探望老人的年轻人，她更是会独自难过一天。中年丧夫，老年丧子，这种痛苦，我作为一个母亲也能感同身受。我就是怕她闷在屋子里，天天带着她下楼透透气。但你们看，她不过是换了个地方继续哭而已。"她顿了顿，目光中充满了惋惜："孟奶奶是个高级知识分子，一般的安慰对她来说只是浮于表面。所以，我希望你能尝试开导开导她。总这么哭也不是个办法，日子还长呢。"

即便距离孟奶奶还有五十多米，我也能感受到那股弥漫在空气中的悲伤，它如同浓雾般笼罩着我。

"源姐……"何淼轻拉我的衣袖，眼中闪烁着灵光，"我有个想法，不知是否可行。"

我转头看向她，我们的默契让我瞬间领悟了她的意图，我微微一笑，道："可以，你快去快回。"

何淼欢快地答应着，转身离去。

吴院长看着我们两人的默契互动，眼中闪过一丝困惑。

"您先去忙吧，我去看看孟奶奶。"我向吴院长告别后，朝着凉亭走去。

我脚步轻缓地走进凉亭，孟奶奶的身影逐渐清晰。她的容貌虽已老去，但依稀可见年轻时的风华。即便此刻的她显得神情憔悴，身上的衣物却依旧整洁如新。她默默地流泪，双手无意识地揪扯着头发，好像要把心里所有的痛苦、自责都揪出来。她的神情恍惚，连我走进凉亭都未曾察觉。

我无法想象那种白发人送黑发人的痛苦,更何况她失去的是唯一的孩子——那个她倾注了毕生心血和爱去培养的人。她曾经满怀期待地盼望着孩子长大后成才并儿孙绕膝,但如今这一切都化为了泡影。

然而,此情此景让我突然想到有一天福宝也可能会离我而去,我的心中忽然涌起一股莫名的悲伤。也许是风把孟奶奶的悲伤传递给了我,我也忍不住流下了眼泪。

孟奶奶似乎感受到我关切的目光,她恍惚地抬起头来看向我。半晌后,她见我如此难过,轻声问道:"乖乖,你怎么也哭了?"

我擦了擦眼泪,强忍住心中的悲痛道:"我看到您这么伤心,便也忍不住跟着哭了。"我没有说出我是因为想到了福宝而流泪。我坐在她的身旁,轻声问道:"您为什么哭呢?"

或许是我诚挚的目光触动了她,抑或是她内心深处也渴望向一个陌生人倾诉。孟奶奶带着深深的疲惫,向我缓缓诉说了她的人生故事。

年轻时,她和志同道合的爱人携手步入婚姻的殿堂,共同孕育了一个活泼可爱的儿子。然而,命运却对他们开了残酷的玩笑。在一次勘探任务中,她的丈夫不幸离世,留下她和刚刚小学五年级的儿子相依为命。为了完成丈夫的遗愿,她继续投身于勘探事业,把儿子送到学校住宿。随着时间的流逝,孩子的青春叛逆和她的忙碌工作相交,母子之间的隔阂与矛盾逐渐加深。

好在,随着岁月的沉淀,儿子逐渐长大,开始理解母亲的艰辛和不易。高考的时候,为了支持儿子的梦想,她鼓励他选择了心仪的大学。毕业后，儿子不负众望，找到了一份令人羡慕的工作。孟奶奶到了退休的年纪，她满心期待儿子能早日成家立业，自己也能享受天伦之乐。可是命运却再次给了她一个沉重的打击——儿子带回了一个让她难以接受的男性伴侣。这对于她来说，无疑是晴天霹雳。除了自己在专业领域的辉煌成就，儿子一直是她心中的骄傲。更重要的是，她始终认为亡夫在天之灵渴望拥有一个孙子。

"呵，我当时真的是气坏了。"孟奶奶的神情中透露出几分自嘲，她轻轻地说，"我威胁他，如果不分手就断绝母子关系，甚至骂他还不如去死吧……"

说到这里，她的脸上流露出无尽的悲痛，随即又陷入了自责之中："我还是个高级知识分子呢，读了这么多年的书，也见过很多世面，我本来可以用更好的办法去解决的，可我却用了世上最恶毒的语言攻击他，他可是我十月怀胎，辛辛苦苦生下来的孩子啊。"

"他一直都非常优秀，我不该把他逼得走投无路。"她叹息着说，"如果我不那么固执，他就不会走得那么急，也就不会发生那样的意外。"

"儿子啊，你喜欢什么我都不拦了……"

"我真是白念了那么多书……"

"如果我知道会永远失去你，我什么都不管，只要你平安、健康就好了。"

"你倒好，去了天堂，把我一个人留在地狱了……"

此刻，我静静地坐在她身旁，看着老人语无伦次地自责、痛哭，心中涌起一股莫名的悲凉。

人生啊，有时就像一场电影，但现实却比电影更残酷，没有如果，不讲和解，更没有后悔药……

6.2 宠物带来的温暖，驱散内心的恐惧与不安

我一时不知道该怎么安慰这个伤心的老人。当一位母亲孕育出一个小生命，从他呱呱坠地来到这个世界时，就承载了父母所有希望和生活的动力。只有经历过丧亲之痛的人才知道这种悲伤和疼痛无法用语言来表达，任何的安慰都是苍白无力的。也许时间的流逝能慢慢沉淀一些伤痛，也许痛苦会伴随终生。毕竟，儿来一程，母念一生。

这时，何淼抱着一只憨态可掬的白色小比熊犬花生疾步向凉亭走来。

"源姐，这小家伙还挺有分量的。"何淼边观察着凉亭里的氛围边走进来。

我起身想跟她分担，便伸手去接，同时几乎下意识地嘴上说着："花生，来妈妈抱抱。"

然而，就在我跟何淼交接的瞬间，比熊花生却忽然蹦了一下，直接蹦到了孟奶奶的怀里。我们三个人都惊呆了，一连愣了几秒。

突然，孟奶奶紧抱着花生，放声大哭起来。

宠物的世界只有你 | 陪伴中的身心共愈之旅

图6

面对这位伤心欲绝的老人，我和何淼对视一眼，眼中也泛起了泪花。我们明白，孟奶奶是在思念那个再也无法拥抱的孩子。

花生好像能洞察她的痛苦似的，窝在老人的怀里没有发出任何声响，也没有丝毫的挣扎，而是温柔地舔舐老人脸上的泪水，或是不时地用鼻子轻推她，每一个细微的动作都透露出它想安慰这个悲伤的老人。

这一幕，虽出人意料，却充满了温情。

我和何淼等孟奶奶哭累了，才把她送回寝室。

我和何淼沉默着走在走廊里，何淼仍抱着花生，双眼泛红，满含期待地看着我："源姐，我们得想办法帮帮孟奶奶。我知道很多老人在孩子去世后，都过得非常艰难。"她顿了顿，补充道："她跟我外婆太像了。"

我深知何淼的担忧，因为很多失独老人，在失去孩子的日子里，好像失去了生活的意义，他们很可能会在情绪的低谷中，做出令人痛心的极端选择。

"我也在思考这个问题。"我蹙眉沉思，向前走了几步，回头看着跟上来的何淼，轻轻抚摸着花生的小脑袋。我说："我们去找院长谈谈吧。"

吴院长听完我们和孟奶奶的相处经历，也无奈地叹了口气。

"院长，孟奶奶现在正经历着巨大的心理创伤，我们需要帮助她度过这六个月的急性丧亲哀伤期。我觉得，现阶段不适合采用深度谈话式干预，我们可以给孟奶奶找些事情做，转移她的注意力。"何淼有些激动地说。

我接过何淼的话头，继续说道："我们院里不是有很多宠物吗？不如让孟奶奶来照顾花生吧。"

吴院长看着我们满含期待的眼神和呆萌的花生，疑惑地问："这，能行吗？"

何淼急忙解释道："根据2019年美国HRS（Health and Retirement Study）的深入调研，饲养宠物能够帮助经历重大人生变故的人走出悲伤。对于像孟奶奶这样丧子的孤独老人来说，宠物不仅能提供情感上的支持，还能在多个层面上促进她的心理健康。宠物能够缓解老年人的孤独感，而孤独感和心血管疾病、抑郁症等很多健康问题有关联。宠物陪伴能提供一种持续的社会动力，降低健康风险。还有，照顾花生能激发孟奶奶的责任感，把她的日常生活结构化，让她找到新生活的目标和成就，重建生活的秩序和意义。饲养小狗能促进社交连接和信任相关的催产激素释放,让孟奶奶饲养既能舒缓她的沉默情绪,还能降低她的压力。最重要的是,宠物疗法在改善老年人认知功能方面的积极作用是得到广泛认可的。和宠物互动,为孟奶奶提供了认知上的刺激与精神上的鼓舞,有助于延缓认知衰退。我们之所以建议孟奶奶养宠物,正是基于这些心理学和生物学上的好处,而不仅仅是为了简单的慰藉。当然,我们也会充分考虑孟奶奶的实际状况和个人喜好,确保养宠不会成为她额外的负担。"说完,她还担心吴院长不相信,便补充道:"这项研究是有科学依据的。我前天刚看的资料。"

我对何淼的成长满怀欣慰,高兴地轻轻拍了拍她的肩膀,既是鼓励,也是对她的安慰。

"现在不是很多宠物主人把自己的宠物称呼为'儿子''女儿',自称'爸爸''妈妈'吗?"我看到吴院长也认可地点头后,便继续道,"这种亲昵的称呼和互动模式,与亲子间的'爱'与'被爱'的循环关系有着微妙的相似。"

随着全球人口老龄化的趋势日益明显,宠物疗法也逐渐进入寻常百姓的日常生活中。

对于大部分老年人而言,他们忙碌了大半生,终于迎来了悠闲的晚年时光,然而,当子女们纷纷成家立业后,却很难抽出时间和精力陪伴父母,这导致很多老人在退休后感到无所适从,甚至陷入迷茫,再加上身体机能的逐渐衰退,使他们难以适应社会的快速发展,生活变得枯燥乏味,也越发孤独。于是,越来越多的老年人选择将宠物作为伙伴,为退休的生活增添一份温馨与快乐。

《2022年中国宠物行业白皮书》显示，2022年，在国内养宠的人群中，"70前"人群的占比是7.6%，"70后"人群占比16.2%。此外，老年人科学养宠的意识也在不断提高，宠物消费"拟人化"的趋势也越来越明显。

在《最好的告别》一书中，有一个引人深思的案例。在美国纽约州的一家养老机构，为了缓解老人们的厌倦感、孤独感和无助感，新上任的托马斯医生决定引入4条狗、2只猫、100只小鸟。这些活泼可爱的小动物为养老院带来了勃勃生机，原本孤僻的老人也开始主动承担遛狗的工作，小鸟也被老人领养，拥有了自己的名字。这次改革不仅受到了老人们的热烈欢迎，还意外地降低了养老院的死亡率。

吴院长沉思片刻后说："好，那就这么定了，希望花生真的能帮助孟奶奶。"她说完，疑惑地看着我笑道："孟奶奶来这里已经两个多星期了，她几乎不和人交流，没想到她跟你聊了这么多。"

我微微一笑，回答道："可能在孟奶奶的内心深处，她担心如果和别人分享她的感受，会遭遇误解或者不被同情。每个人对他人的悲伤和失落都有着不同的反应，这可能会让倾诉者感到更加孤立。"

事实上，孟奶奶此刻正沉浸在丧子的巨大悲痛之中，这种痛苦就像潮水一样淹没着她。她把儿子英勇救人的牺牲归咎于自己，直接跳过了儿子英勇救人的瞬间，只把自己的谩骂和儿子的离世关联起来。她对自己既感到失望又充满愤怒，这种情绪的交织使她陷入无尽的自我责备之中，把那份无法言喻的悲伤不公正地、毫无逻辑地归咎在自己身上。

同时，她还要面对未来孤独的生活，独自一个人如何安度晚年，如何入土为安，也成了她心中的另一重恐惧。这份恐惧如同阴霾笼罩，让她原本沉重的心情更添一层阴翳。

这就是一个失独母亲此刻内心复杂的真实写照。

面对孟奶奶如此隐私且敏感的心理状态，我没有和吴院长深入探讨，只是嘱咐她为孟奶奶建立和提供一个安全、非评判性的环境，使她能够被听见和理解，这对于处理悲伤和恢复过程是非常重要的。

同时，我也告诉她，我们的心理援助计划即将启动，希望能为孟奶奶带去一丝心灵的慰藉与温暖。

6.3　抗拒的背后，是对失去的恐惧

介于孟奶奶是一位自尊心极强的女士，因此，我们特意安排吴院长暂时隐瞒我们身为敬老院心理援助医生的身份，以免她对我们的帮助产生抵触情绪。接下来，我们采取了润物细无声的方式，以宠物救助站志愿者的身份，去帮助宠物适应新环境，并帮助养宠物的老人解决疑难问题，以此为由，在自然互动中帮助孟奶奶。

何淼对这个新角色驾驭得游刃有余，对能够帮扶孟奶奶这样一位令人同情的老人非常上心。由于我近期工作繁忙，只能让她每隔一天便前往舒心养老院。

第六章 生命新希望，汪星人助失独老人生活重建

作为未来的心理医生，何淼对待本职工作极其认真和严谨。她把孟奶奶与宠物疗法视作一项研究课题。每次去敬老院，她都会详细记录孟奶奶和花生的互动状态，回到公司后便和我深入讨论交流。

第一天观察后，何淼告诉我，吴院长为孟奶奶分配花生作为宠物时，孟奶奶刚开始是极不情愿的。但花生却好像对她情有独钟，始终紧紧跟在她身旁。后来，或许是孟奶奶实在不忍心看到花生那可怜巴巴咬着她裤脚的模样，便无奈地答应了吴院长的请求。

何淼猜测，那天花生跳到孟奶奶身上的那一刻，可能让她回想起了自己的儿子，这才使她下定决心领养花生。不论原因是什么，她只要答应领养花生，我们的援助计划就迈出了第一步。

何淼满怀热情地第二次前往敬老院，接下来的两次观察结果均令人欣慰。然而，当她第四次回来时，却显得垂头丧气，一屁股坐在办公室的沙发上，气恼地嘟着嘴。

"怎么了？像个斗败的公鸡，垂头丧气的。"我弯下腰，看着她沮丧的神情，笑着问道。

何淼嘴巴噘得能挂个油瓶，沮丧地说："唉，孟奶奶今天都不太理花生。我提醒她几点遛狗、几点喂食，她都答应得好好的，可就是不见行动。"

"这才几天，你就想看到显著的成效吗？"我笑着为她泡了一杯热可可，放在她面前，说，"因为，她在害怕。"

"害怕？"何淼疑惑地看着我，接过热可可还不忘道谢。

我坐下，认真地点头道："嗯，孟奶奶的害怕可能比我们想

象的要复杂,大概率是'创伤后应激障碍'(PTSD)[①]。在经历了丧子之痛后,她可能无意识地把花生和她失去的儿子联系在了一起,这种联系触发了她的痛苦回忆和情绪。此外,老年人在面对新的责任和变化时,可能会感到特别不安。他们可能会担心自己无法胜任,或者担心再次经历失去。这种担忧可能会转化为对新事物的抗拒,甚至用回避来保护自己。"

何淼脸上露出凝重的神色。

我继续引导她的思考:"以你和孟奶奶这几次见面来判断,她是不是真的喜欢养花生、照顾花生呢?"

何淼在沉思中回忆着与孟奶奶的相处细节,她笃定地说:"孟奶奶对花生非常喜欢,因为她常常会抱着花生说话。但是,要问她是不是愿意承担起照顾的责任……这还看不出来。"

"好,那么我再深入一问。"我颔首,继续探寻,"你知道,孟奶奶是个非常有主见的人。即便她现在正承受着丧子之痛,但她依然保持着清醒的头脑。那么,她有没有找吴院长表达过不愿领养花生、希望退回的意愿呢?"

"啊,对哦……"何淼眨了眨那双明亮的眼睛,思索着说,"我好像从没听说过她要退花生。如果她真的想要退,吴院长一定会告知我们。"

当我点到这里时,何淼仿佛拨云见日,激动地说:"是恐惧,源姐,我明白了!"

我微笑着,调整了一个更为舒适的坐姿,鼓励道:"说说你

[①] 创伤后应激障碍(Post-Traumatic Stress Disorder,PTSD)是一种严重的应激障碍,由突发性灾难事件或自然灾害等强烈的精神应激引起,可引发患者的创伤再体验、警觉性增高以及回避或麻木等症状,常见于集中营幸存者、自然灾害受灾者、退伍军人等高风险人群。

的理解。"

何淼沉思片刻，才娓娓道来："孟奶奶很喜欢花生，但她对这份责任却是犹豫和回避的，揭示了她非常复杂的心理状态。没能充分给予儿子关爱的深深自责和对失去他的锥心之痛，或许正是触发她创伤后应激障碍症状的深层原因。"

我对她的发现表示由衷的赞赏，并说道："在PTSD的影响下，孟奶奶或许在无意识间，把照料花生的重任和过往的遗憾联系起来，这种联系激发了她内心深处的恐惧反应。她惧怕重蹈覆辙，再次体验失去的痛苦，这份恐惧可能正是她面对新责任时犹豫不决的根源。"我轻啜一口茶水，继续娓娓道来："心理学家朱迪·赫尔曼在《创伤与复原》这部作品里指出，'创伤犹如一场风暴，摧毁了人们对世界的基本信任'。孟奶奶的回避行为，特别是她对花生的那份犹豫，或许正是她试图保护自己以免再次受到伤害的方式。毕竟，PTSD不仅是一种情绪，它还悄无声息地重塑着个体的认知和行为模式。孟奶奶可能在心理上一遍遍重演着过去的创伤事件，这种反复'闪回'让她感到非常的焦虑与恐惧。而她对于花生的回避，正是她试图减少这种心理痛苦的无意识尝试。"

我接着追问："如果她开始时答应了，但中途又打算放弃，那该怎么办？"

"哎呀，这个我还真的没考虑到。"何淼坦诚地回应。

我引领她深入探索，说道："面对这种情况，我们需要理解孟奶奶的犹豫和可能会发生的放弃行为，或许正是'灾难化思维'在作祟。这让她在面对新的责任和挑战时，总是感到焦虑和恐惧，倾向于预设最糟糕的结局，忽视现实中那些积极的可能性。这种思维方式会放大她的心理压力,导致她难以持续行动。因此……"我语气加重,认真地对何淼说:"给孟奶奶营造一个稳定且充满安全感的支持环境,是我们的首要任务。这意味着,我们要为她搭建一个可以信赖的支持系统,包括专业的心理健康援助和来自家人朋友的理解。"

何淼迅速打开手机记事本,表示:"我要立刻记下这一点,下次见到孟奶奶,我要告诉她不要过分预料失败以后的情况,只要把握好当下。去做她能够做的事、去做应该做的事情。让她把注意力集中在美好的事物上,真心地接受并享受和花生的相处。"

我看着她认真工作的态度,十分欣慰,笑道:"在此基础上,我们可以考虑采用眼动脱敏与再加工疗法(EMDR)[①],这种疗法已经被证实对处理创伤记忆特别有效。通过EMDR,我们可以帮助孟奶奶重新梳理并整合那些创伤记忆,减轻它们对当前情绪和行为的影响。"

何淼听得非常认真,时不时点头应和一声。

"此外,"我补充道,"我们还可以利用叙事疗法[②]引导孟奶奶重新构建她的生命故事,用更加积极和充满力量的方式理解她的过去和现在,让她识别并挑战那些束缚自我认知的负面叙

[①] 眼动脱敏与再加工疗法(Eye movement desensitization and reprocessing,EMDR)是一种整合的心理疗法,它借鉴了控制论(cybernetics)、精神分析、行为、认知、生理学等多种学派的精华,建构了加速信息处理的模式,帮助患者迅速降低焦虑,并且诱导积极情感,唤起患者对内的洞察、观念转变和行为改变以及加强内部资源,使患者能够达到理想的行为和人际关系改变。

[②] 叙事疗法是被广泛关注的后现代心理治疗方式,它摆脱了传统上将人看作问题的治疗观念,透过"故事叙说"、"问题外化"、"由薄到厚"等方法,使人变得更自主、更有动力。透过叙事心理治疗,不仅可以让当事人的心理得以成长,同时还可以让咨询师对自我的角色有重新的统整与反思。

事。同时，鼓励孟奶奶参加一些创造性表达活动，比如绘画、写作或音乐等。这些活动不仅可以让她释放内心的情感，还可以帮助她探索和表达那些深藏于心的情感，增强自我表达的能力。"

何淼欣然点头说："我知道孟奶奶很喜欢唱歌，等时机成熟，我可以逐渐引导她参加敬老院里的合唱团。"

我向她竖起大拇指，笑道："孟奶奶的康复是个渐进的过程，我们需要给她足够的时间与耐心，持续为她提供情感上的慰藉与支持，庆祝她每个进展，就算再微小也是一种进步。"

6.4 重建生活目标，宠物成为前行的动力源泉

我们这次深入的交谈，不仅为孟奶奶的心理援助方向提供了明确的指导，还促使我们形成了更为具体的操作方案。

何淼再次像是出征的战士一样斗志昂扬地前往敬老院。当她几天后再度回到公司时，告诉我孟奶奶的生活因花生的加入而悄然变化。

每天清晨，当阳光穿过窗帘的缝隙，花生总是安静地守在床上，当发现孟奶奶有醒来的迹象后，才会用它那温暖的鼻息和小爪子，轻轻呼唤孟奶奶。它的存在，让起床这件小事也充满了期待和温馨。花生似乎很懂孟奶奶内心的需要，总是耐心地等待，给予她足够的空间和时间，以调整自己的心态来迎接新的一天。

随着时间的推移，孟奶奶开始带着花生勇敢地走出敬老院。

花生不仅是她的向导，更是她情感的支柱。它总会在适当的时候停下来，用湿漉漉的鼻子轻触孟奶奶的手，仿佛在告诉她："不要害怕，我在这里。"这种无声的交流和陪伴，充满了深情和理解，帮助孟奶奶逐渐驱散了内心的恐惧与不安。

在花生的陪伴下，孟奶奶好像重新发现了生活中的美好，因为花生总是对一切充满好奇，这里停停那里嗅嗅，让之前埋头走路的她也开始关注周围的世界和色彩，嫩绿的树叶、绚烂的花朵、友善的邻里问候，这些简单又真挚的快乐，润物细无声地滋润着她的身心，让她重新和世界建立了联系。

院里其他老人也开始注意到这对特别的伙伴，他们友善的目光和温暖的笑容，让孟奶奶感受到了久违的归属感与温情。这份来自他人的关怀和支持，无形中化解了她的孤独感。

每当夜幕降临，花生总是能第一时间察觉到孟奶奶孤独和恐惧的情绪波动。它不言不语，只是静静地依偎在她的身边，用无言的陪伴和温暖安慰她。花生的这份无条件的爱，让孟奶奶感受到了前所未有的安宁与平静。

在这只毛茸茸的小狗不离不弃的陪伴下，孟奶奶的生活终于迎来了转机。她勇敢地迈出了尝试新事物的步伐，参与了养老院组织的各项活动，甚至主动和其他宠物主人交流——如何把花生养得更加白白胖胖，怎么用旧衣服给它制作玩具。花生的存在让孟奶奶深刻体会到自己不是孤单的，未来还有无数的新鲜事物等着她去发现。

早在1992年，美国的HRS便对50岁以上的成年人及其配偶展开了长期跟踪访谈。2019年发布的研究结果显示，养宠物能够显著帮助人们适应重大生活变故，如丧偶、离婚等。

当一个人遭遇重大变故时，持续饲养宠物的人往往会表现出较低的抑郁症状，其抑郁反应的增长幅度减少了约50%。同时，他们的孤独感也大大降低，相比之下，不饲养宠物的人的孤独感则更为强烈。所以，饲养宠物的人往往能在遭遇人生重大变故时获得更多的情感慰藉，更容易走出阴影，其抑郁水平和孤独感也相对较低。

随后的观察结果更是令人振奋，孟奶奶已经养成了每天固定时间遛狗、喂狗的习惯，这让她的生活更有规律，促使她外出散步、活动身体并与他人交流。她甚至还戴上老花镜亲手为花生缝制了可爱的小衣服，把花生打扮得花枝招展，成了敬老院里的"明星宠物"。

和宠物的互动能够激发身体的放松反应，这种情绪能够促使神经传导化学物质刺激荷尔蒙，降低压力感，并稳定病患的情绪。花生的陪伴，无疑让孟奶奶的生活变得丰富多彩起来。

何淼的脸上洋溢着自豪的笑容，她感慨道："看到孟奶奶和花生相处得这么融洽，我心里别提多高兴了。"

然而，我却在她的笑容中看到了几分隐忧。我知道，何淼的母亲已经离世，而她的外婆也曾经历过白发人送黑发人的痛苦。所以，何淼对孟奶奶的关心与付出，或许正是她在外婆身上未能实现的情感寄托。这让我不禁担忧，她是否把对外婆的思念过度地投射到了孟奶奶身上？我决定第二天和她一同前往敬老院。

两个月后，当我再次踏入舒心敬老院的大门时，这里的变化令人瞩目：欢声笑语取代了昔日的沉寂。老人们结伴而行，有的遛狗聊天，有的逗弄着廊檐下的鸟儿，还有的抱着猫咪坐在一起谈笑风生，甚至有几位身体健硕的老人，还和小狗玩起了巡回球。每一位老人的脸上都洋溢着幸福的笑容,这里已经成了一个充满爱与欢乐的温馨家园。

从互动游戏对认知的影响的视角来看,老年人与宠物之间的互动游戏具有多重积极效应。当老年人和宠物进行互动游戏时,可以锻炼老年人综合性的认知功能。游戏中的各种挑战和决策点,需要老年人动用大脑解决问题,在某种程度上有助于保持和提高他们的决策能力与记忆力。老年人和宠物互动游戏还创造了一个低压力、高愉悦度的环境,这样的环境促使老年人更自然地参与到肢体活动中,不但锻炼了身体,还提高了情绪状态。

而且,宠物对老年人的回应和互动,能够增强老年人的社交技能,提供了一种与非人类伙伴建立深厚情感联系的机会。当老年人在游戏中取得进步或者成功时,那种成就感会促进他们提升自我效能感,促进他们更自信和积极地参与到各种活动中。

孟奶奶已经有了新的生活方式,她带着花生在花园的石子路上漫步,花生穿着小花帽、小衣服、小鞋子,屁股扭动着,让人忍不住想要上前捏一下。

我和何淼紧随其后,上前跟孟奶奶打招呼。她脸上顿时露出了温和的笑容,跟我们亲切交谈。

虽然她看起来仍有些憔悴,但已经不再是我初次见面时那种被悲伤淹没的模样。她的眼里闪烁着些许光亮,仿佛黑夜中的星光。

我知道,一位突然失去孩子的母亲不可能立刻振作,因为那是一场漫长而持久的离别。但只要有希望,就有可能让她重新找到生活的动力,而我们的方法,也许真的帮助了她。

"孟奶奶,您的手艺真是巧夺天工,花生被您打扮得这么漂亮。"我真诚地看着她的眼睛，竖起了大拇指。

孟奶奶笑容满面地看着我们，说："这都是年轻时候的手艺了，我儿子小时候的衣服都是我一针一线缝制的。"她目光转向正在嗅花的花生，继续说道："它就像个小姑娘一样，我就想把它打扮得漂漂亮亮的。我以前只养过儿子，看到别人家的小姑娘就羡慕得不得了，现在也算是圆了我的一个愿望了。"

"花生确实是个乖巧的小姑娘，尤其是笑起来的时候，简直让人心都要化了。"何淼在旁边帮腔说。

孟奶奶的眼中闪过一丝温暖的光芒，她轻轻点头，脸上露出了淡淡的笑容："花生永远像个孩子一样，又比孩子更简单。每当夜深人静，我感到悲伤难过时，它总能第一个察觉到。花生的陪伴，让我感到一种前所未有的安全感，也让我知道，无论发生什么事，总有一个小生命在全心全意地关心着我，守护着我。这种被需要和被爱的感觉，是我在这段艰难时期中最宝贵的财富。它让我相信，即使在最黑暗的日子里，也总有光明在等待着我。"

父母和子女之间是一辈子纠缠的深厚缘分，子女的离世对父母来说无疑是灭顶之灾。对孟奶奶而言，失去孩子是一次无法预料的沉重打击。曾经的憧憬有多美好，破灭的时候就有多残酷，这是她无法逃避的痛苦和永远的遗憾。但当我听到她对花生的态度时，心中不禁感到一丝欣慰。只要孟奶奶愿意与花生多相处互动，她就会逐渐找到生活的动力。也许有一天，她也会开始敞开心扉，和他人交往。

何淼微笑着道："所以啊，世界破破烂烂，小狗缝缝补补！这个世界不能没有小狗。"她轻轻蹲下，抚摸着花生的小屁股，柔声说:"对吧,花生?"花生咧嘴笑着,用小爪子搭上她的膝盖,开心地收下了这份夸赞。

我们看着她与花生之间那温馨的互动,心中的暖意不禁油然而生,笑声也随之响起。随后,我们一同走进那个初次相遇的凉亭,发现吴院长已经在那里等候,她的怀里还抱着一个精致的快递盒子。

我率先迎上前,对孟奶奶说:"孟奶奶,今天有份特别的礼物要送给您。"

孟奶奶疑惑地看着我们,嘟囔道:"我最近没网购啊,是什么东西啊?"

何淼温柔地挽着孟奶奶的胳膊,轻声说:"您拆开看看就知道了。"

吴院长也笑着附和:"这份礼物,保证您会喜欢。"说完,她便将快递递到了孟奶奶手中。

孟奶奶带着一丝迷茫接过快递,把花生的牵引绳交给了何淼。然而,她并没有立刻拆开快递,而是先查看了一下寄件人。当看到寄件人的名字时,她愣了一下,脸上的笑容也慢慢褪去。

我和吴院长、何淼三人互相对视了一眼,心中都暗暗担忧,生怕她会拒绝这份礼物。

但出乎意料的是,孟奶奶只是沉默了几十秒,便拿起剪刀开始拆快递。随着纸盒和里面的包装袋一层层被打开,一个彩虹色的长毛兔玩偶逐渐展现在我们眼前。这个玩偶足有成年人手臂般大小,毛茸茸的模样十分可爱。

吴院长走上前,指着玩偶上的一处按钮说:"您可以按一下这个按钮,听听它发出的声音。"

孟奶奶看了她一眼，随后摸索着按下兔子胸口的按钮，起初并无太大声响，我们便示意她靠近一些。

她半信半疑地把耳朵贴近，突然，她仿佛被一股无形的力量紧紧揪住心脏，呼吸都变得困难。

吴院长声音柔和，每个字都清晰地说："这是您儿子的心跳声。"

孟奶奶惊愕地抬起头，耳朵仍紧紧贴在兔子的心脏处，泪水顿时像潮水一样涌出来。

"他的挚友说，他们曾经一起签过遗体捐赠的协议。"吴院长说到此处，声音微微颤抖，"当时，孩子被送到医院抢救，还有一丝意识。他跪在医生面前，恳求着无论如何要把人救活。但是，他的伤势实在太严重了，最后没能留住……"

孟奶奶紧紧抱着兔子，泪水在她满是皱纹的脸上肆意流淌。

吴院长轻轻揽住她的肩膀，让她感受到一丝温暖。她抹去眼角的泪水，继续说："他辗转了好多天才知道您现在住的地方，却不敢见您，于是找到了我。他希望我能把这个礼物带给您。他说，你们都深爱着同一个人，失去所爱之人的痛苦是一样的。现在，您儿子的心脏、眼角膜、肾脏，正以另一种形式在这个世界上活着，他并没有真正的离开。他还说，您儿子最放心不下的就是您，所以他承诺会照顾您到百年……"

"孟奶奶，您的儿子，很好啊……"吴院长紧紧抱住孟奶奶，给予她安慰。

孟奶奶哭得浑身颤抖："他们都是好孩子，不好的一直是我……"

独生子女的离世，对父母而言，就如同在心头被生生剜去一块肉,那份痛楚将永远伴随着他们。然而,在这漫长的哀痛之旅中,他们终会感受到,逝去的孩子虽然已不在身边,但他们的爱,将永远铭刻在他们的心中,如同永恒的星辰,照亮前行的道路。

第七章

在宠物陪伴下重新养一遍自己

7.1 容貌焦虑引发的困惑与挣扎

夜色深沉,沐浴后,我躺在床上,抱着福宝打算追个剧,贝妙妙发来的消息却打断了我。

"唉,我又被甩了。黑妞又飞树上了,一直叫不回来。我用美食诱惑,它都无动于衷。或许,它跟那个男人一样,更渴望自由吧。"

我深知她又陷入了短暂的忧郁,于是迅速在微信上回复:"自由不是抛弃,离开也不全是否定。"

她倒是回复得迅速:"我想你啦,什么时候一起喝杯咖啡?"

近年来,直播带货的浪潮汹涌而来,我的一位好友紧跟时代步伐,创办了MCN机构,并在市区搭建了一个能容纳百人的直播基地,成功踏入了电商的竞技场。

贝妙妙正是这直播基地中的一颗明星,年轻、美丽,且充满活力。她在镜头前游刃有余,热情洋溢地向"粉丝宝宝"们介绍着手中的珍珠戒指:"只需39块9,这款时尚百搭的戒指就包邮到家,还送运费险和精美包装。别再犹豫了,数量有限,错过可就不再有了哦!"

我第一次见她,就被她的专业与热情打动,甚至有那么一刹那,我也想要下单购买。

据好友透露,贝妙妙只用了短短几个月的时间,就成功跻身"腰部主播"的行列,粉丝众多。她的努力与成果在基地中独树一帜。然而,我与她的相识,却是因为她在下播后向好友提出了辞职的请求。回想起当时好友那尴尬的神情,我至今仍觉得想笑。谁能想到,命运的安排让我们变成了亲密的咖啡"搭子"。

现在,她失恋要找我"吐槽"感情生活,我便干脆利落地给她发了时间和地点。然而,我们的见面却拖延至她分手三个月后的一个雨天。

都说失恋的人与雨天有某种奇妙的默契。那天,细雨绵绵,我们坐在熟悉的咖啡厅户外的遮阳伞下,听着雨滴敲打伞面的声音,品味着香醇的咖啡。不远处,贝妙妙的宠物"黑妞"的鸟笼挂在窗檐下,它独自玩儿得挺欢实。

"我要减肥!"贝妙妙突然宣布道。

我刚端起咖啡喝了一口,就被她这突如其来的决定惊得差点喷了出来。我急忙拿起纸巾擦拭嘴角,忍不住笑道:"你现在多少斤?"

"92!"贝妙妙理直气壮地说,"我今天早晨刚称过的。"

我有些无奈地注视着她,缓缓道:"以我之见,你一个身高165的女孩子,体重92斤,已经是足够苗条了。"

"苗条?"贝妙妙仿佛听到了一个荒谬的笑话,瞪大了眼睛,"你没听说过'上镜胖10斤吗'?哪怕我体重稍微增加1斤,经纪人都能看出来。"

我这才回过神来,这位站在我面前的女子,除了是带货主播,还是演艺界的一员。

我难以置信地摇了摇头,"这……太夸张了。"

贝妙妙轻叹一声,轻啜了一口纯美式咖啡,继续说道:"我每次跟着经纪人去试镜,都能感到演艺圈的竞争激烈。都是俊男靓女,一个个外貌出众,口才也特别好,待人接物又很游刃有余。他们就像女娲精心雕琢的佳作,而我,就像是不经意间溅落的泥点子。"

我被她这自嘲的比喻逗得哭笑不得。

贝妙妙带着一丝期待,又喝了口苦咖啡,缓缓道:"在演艺圈,尤其是对于还没有成名的演员来说,是没有人格的。我每次站在导演、制片人和选角导演面前,都像是被挑选的货品一样。他们毫不客气地说:'皮肤有点黑,身高太矮了,耳朵大了,鼻尖有点歪……'那一刻,毫不夸张,我都不敢开口说话,生怕自己的声音不好听让他们挑剔。每到这个时候,我就幻想,如果我能更白一点、更瘦一点、更高一点就好了……"

我对娱乐圈的了解仅限于社交平台上的热搜和综艺片段,对于她身为"小演员"的艰辛几乎一无所知。我柔声安慰道:"我虽然没有亲身体验在娱乐圈的坎坷,但也知道你所面临的压力和挑战。艺术的本质在于多样性和真实性,演员通过表现各种各样的人物来共同构建一个多维的世界,你作为演员的任务就是把角色的灵魂和情感注入生命,在这个过程中,你的美丽来自你的才华、创造力和对角色的深刻理解!"

贝妙妙微微愣了愣,感慨道:"唉,如果没有一点儿定力和信念,内心又不够强大,我早就打退堂鼓了。"

我深以为然地点点头,若换作是我,面对如此苛刻的审视,恐怕也会心生退意，但贝妙妙却依然坚守在演艺的道路上。这份热爱与执着，令人敬佩。我说："也许，还有你太过热爱的原因吧。"

"我的经纪人总是提醒我，不要把她好不容易争取来的机会给搞砸了。我要做好一个当商品的觉悟，不要胖，经常去美容，保护好自己的脸蛋。""你知道吗？有一次我实在是气不过，就对导演和选角导演反驳了几句。出来后，我的经纪人告诫我，不要太在意这些人的话，因为这是演艺圈的常态，要习惯。每个新演员在起步阶段都会受到各种挑剔。她提醒我，如果连这点压力都承受不住，怎么能红呢？"

我眉头紧锁，深思着经纪人的话。我深知，有些人一旦手握些许权力，便会将他人置于审视之下，仿佛自己成了掌控一切的上帝。

在娱乐圈这个行业中，女性往往被简化为缺乏思想、能力和主体性的存在，更像是一件缺乏生命力的物品或装饰品，这是对女性的物化。

我认真地倾听着她的话，劝道："在娱乐圈这个复杂的生态系统里，商业逻辑确实在一定程度上影响着每个人。你需要找到自己的定位，发挥自己的独特优势，而不是盲目追求他人设定的标准，不要被极端言论给PUA[①]了。"

[①] PUA，全称Pick-up Artist，意为"搭讪艺术家"，俗称"恋爱大师"，原指一方为了发展恋情，系统地学习如何提升情商和互动技巧以吸引对方，直至发生亲密接触。目前多指在一段关系中一方通过言语打压、行为否定、精神打压的方式对另一方进行情感操纵和精神控制。

7.2 自我认同感缺失下的女性失权

贝妙妙望着我，眼中的情感复杂难明："可连我妈都说我肤色太黑，脖子太长，就像一只大雁。"

"哦，难怪你每次都喜欢佩戴这种choker式项链。"我恍然大悟，她每次出现，总是佩戴着别致的首饰，我原以为那只是她的时尚选择，从未想到背后还有这样的原因。

我轻轻摇头，无奈地说："你知道有多少女孩羡慕你这种优雅的颈部线条吗？什么大雁？那是'天鹅颈'，没听说过吗？下次你妈妈再这么说，你就用'天鹅颈'来反驳她。"

贝妙妙听了我的话，眼中闪过一丝疑惑又夹杂着惊喜："真的吗？"

"当然是真的，你没听说过吗？"这次轮到我有些惊讶了。

贝妙妙仍旧带着一丝疑虑说："我是听说过，但我一直没往那方面想。因为我妈妈总是那样笑话我，我不知道我是不是好看。我想通过直播带货养活自己，然后就可以去追求我的演员梦了。"

我点点头，然后疑惑地问："对了，我一直没问过你，你的父母不支持你的梦想吗？"

贝妙妙叹了口气："我特别喜欢表演，但我的父母一直生活在山区，他们觉得女孩子不应该在舞台上抛头露面、搔首弄姿，觉得那样不自重。"

"为了学表演,我努力考上了大学,虽然和名校有很大差距,但是我很高兴。我的老师特别好,他们认为我身上有一种难得的野性和生命力,这是现在很多演员没有的。所以,我特别开心,我觉得我能吃这碗饭。"

"但是我每次回家,父母总是想方设法阻止我,他们要么劝我报考公务员,要么催促我赶紧相亲结婚,甚至把我的身份证藏起来,不让我出门。我的表姐都能独自创业,他们为什么不能明白,女孩子也能通过学习与耐心经营闯出一片天呢?"贝妙妙有些痛苦又疑惑地质问着。

我第一次听她介绍自己的家庭情况,心里感到十分震惊。

"我说自己热爱表演,可他们却用非常刺耳的言辞来贬损我,好像我的热情与努力一文不值,把我视作家族的耻辱。"贝妙妙的声音微微颤抖,每一句话都透露出深深的伤痛,"有时,连我也开始动摇。尤其是面对无数的批评和挑剔时,我就开始怀疑自己是不是真的适合这个职业。"

我深吸一口气,用温柔而坚决的语调安慰她:"只要你真心喜欢这个职业,并且愿意为它付出努力,就是最值得的选择。你的热爱和坚持是你最宝贵的财富。"

贝妙妙轻轻叹息,继续道:"导演们认为,既然我选择了演艺道路,就该不顾一切地坚持下去。但他们不知道,作为一个从大山深处走出的女孩,首先要面对的是如何生存。"她说到这里脸上露出迷茫的神色,问我:"我是不是错了?"

我凝视着她的双眼,话语中满是对她的深刻理解与坚定支持:"你的现实考量也很重要。艺术和生活并不矛盾,不是水火不容的两个极端，甚至是相互滋养、相辅相成的。你的梦想需要物质基础来支持，你积累物质基础并不可耻，而是实现梦想的必经之路。"

"也许你说的是对的。"贝妙妙轻叹了一声。

在当今社会，尤其是社交媒体上，对女性的审美标准往往被简化并强加于人，这些声音无形中塑造了一种狭隘的美学观，把女性的价值与外貌紧密绑定，这限制了她们的自我认同和自由选择。就像我们经常会听到"女孩子就应该打扮得漂漂亮亮的！""漂亮的女孩会被很多人喜欢""女孩子学习再好有什么用，嫁个好男人更实际！"的言论。

我看着眼前美丽而又坚韧的女孩，却被困在容貌焦虑里，还不得不面对来自至亲的误解与狭隘评判，这无疑是让人同情的。

我温柔地握住她的手，轻声说："你要明白，你的价值远远超出外表的定义。"

目光掠过她那双新做的双眼皮，我试探性地问："你和前任的分手，是不是跟你频繁整容有关呢？"

"你怎么猜到的？真是神了！"贝妙妙惊讶之余，话锋一转，"我听过不少导演跟我说，如果我的眼睛更有神，会更上镜，机会也会更多。"

我语气坚定地说："我们追求美丽无可厚非，但你的选择应该源自于对自己的尊重和理解，而不是盲目迎合他人的眼光。"

贝妙妙面露困惑："其实，我以前对自己的单眼皮也很喜欢，自然又灵动。但是他们总是不断这么说，让我开始动摇，觉得或许应该多听听他们的建议。"

闻言，我不禁苦笑，当中带着一丝无奈："这……难怪有人说'娱乐圈是容貌焦虑PUA的重灾区'呢。"

贝妙妙沉默了片刻，没有反驳我的话，或许她已经意识到了这个问题。但在她的成长历程中，从没体验过无条件的爱，所以她无法接纳和欣赏真实的自己，总是以他人的眼光与标准来评判和要求自己。

虽然她作为带货主播的收入颇丰，但她并不认可自己的价值，她真正热爱的演艺事业也步履维艰。她对自己的定位越来越模糊，甚至迷失了自我，找不到真正的价值所在。所以，她只能寄希望于通过不断改变容貌，试图找到自我价值的认同。

这让我意识到，她的容貌焦虑并非仅仅源于外貌本身，而是源于内心的不坚定，不够相信自己，甚至是对自己的不欣赏。

当她在事业上遭遇挫折，不被导演选中、不被父母支持、不被经纪人看好、不被男友喜欢时，她就把所有问题的根源归结为自己不够漂亮。她总是想着："如果我再漂亮一点，他们就会喜欢我了，就会选我了。"于是，她追求白皙、苗条、幼态，追求开眼角、高颅顶等外在标准。

然而，当她意识到自己没能达到这些标准时，容貌焦虑就像潮水般汹涌而来，逐渐淹没她的自我认知。因为她从没有真正拥有"选择他人"的权利，这也是女性"失权"的一种具象化体现。

7.3　宠物无条件的爱与接纳，弥补社会支持的缺失

小雨悄然停息，只留下青白色的雾气在半空中萦绕。

在我们交谈之际，黑妞独自在鸟笼中嬉戏，偶尔蹦出一句话，或是清脆地叫一声"妈妈"，贝妙妙总会及时且高声地回应。

"我记得你上次说它飞了？"我注视着她与鹦鹉的互动，好奇地问道。

尽管我早已听闻"黑妞"的大名，但真正见面还是头一回。这是一只猫枕榴莲色的和尚鹦鹉，羽毛华丽且富有光泽，有光照的时候显得熠熠生辉。它的叫声悦耳动听，很清脆。

"哼，这小家伙，半夜里又飞回来了，可能是饿了吧。"贝妙妙虽然口头上抱怨，但眼神却始终离不开它。

"饿了，饿了！"鹦鹉似乎真的听懂了我们的对话，不断地重复着这两个字眼。

贝妙妙从包里取出早已备好的鸟食，轻轻放在桌上，然后从笼中轻轻捉出黑妞。

我小心翼翼地观察着她与鹦鹉的互动，生怕一不小心惊扰了这位"小公主"。

"黑妞，黑妞，你认为谁是这个世界上最美丽的女人？"贝妙妙歪着头，用充满爱意的眼神看着黑妞，脸上洋溢着神圣的

光芒。

"妙妙，妙妙！"鹦鹉回应道。

"真聪明！"贝妙妙满意地点点头，将黑妞放在桌上，任由它享用美食。

我听着她们之间这奇妙的对话，忍不住笑出声来："这也行？"

贝妙妙脸上洋溢着自豪："我养了它两年多了，它特别黏人，简直就像个狗皮膏药。有陌生人靠近我，它甚至会发出警告。我从它小时候就训练它说话、飞行，还教它在指定地点拉粑粑。虽然它的粑粑不臭，但还是要及时清理，不然凝固了就很难处理。而且，这家伙还是个拆家高手，我已经换了好几副蓝牙耳机了，电脑键盘上的按键也被它啄得七零八落的。"

这时，黑妞似乎听懂了贝妙妙的话，直接将食碗掀翻在桌上，用喙在桌面上划来划去。

贝妙妙见状忙不迭地哄着："哎呀，我又没说你坏话，只是跟姨姨介绍一下你嘛。"说着，她凑上前去，用温柔的声音对黑妞说："小可爱，亲一个……"

黑妞刚开始还有些不情愿，转了几圈后，终于将小脑袋靠在贝妙妙的额头上，轻轻地回应道："亲一个……亲一个……"

我被黑妞的聪明和灵性深深打动，也凑上前去想要与这小家伙亲近。我轻声笑问："它也能亲我一个吗？"

贝妙妙摇摇头，略带得意地说："它只亲我哦，我前男友想让它亲一下，结果鼻子都被啄破了。"

我闻言不禁直起腰来："好吧，看来这小家伙还真是有个性。"

贝妙妙欣喜地让黑妞跳上自己的手指,微笑着说:"小白兔……"

黑妞立即接道:"白又白……"

贝妙妙宠溺地夸赞道:"走吧,妈妈今天和漂亮的姨姨一起带你去欣赏美丽的风景。"

"漂亮!漂亮!"黑妞欢快地在她手上、胳膊上、肩膀上跳跃。

尽管我暗自怀疑,这个小家伙可能已经被贝妙妙教得只会说些夸赞的话语,但被她这样夸赞,我还是心生欢喜。

我们一同走到公园人少的地方,放飞黑妞,让它自由翱翔。我望着天空中飞翔的黑妞和脸上洋溢着笑容的贝妙妙,心中不禁感慨万分。这是我今天下午所见到的她最灿烂的笑容。

"我一直都只是听说,从没问过你,你怎么会想到养鹦鹉呢?"我好奇地问。

"因为一个人太孤单了嘛。每天下班回家,家里静悄悄的,连个人声都没有。而我又是做主播的,每天要说好几个小时的话,回到家一点人声都听不到,心里总有些不安。这个小家伙是朋友送的,我照顾它、训练它。你不知道它第一次叫出'妈妈'的时候,我有多激动。那一刻,我觉得太神奇了。"贝妙妙的目光追随着黑妞飞行的轨迹,语气中透露出一丝释然。

"我和前男友在一起的时候,全心全意地照顾他。他脾胃不好,我就学着煲汤给他喝,是那种花费很多时间的广式靓汤。他生病了,我陪他去医院,无微不至地照顾他。他行业不景气,偶尔缺钱,我也会毫不犹豫地给他。给他钱的时候,我还要小心翼翼地照顾他的面子……"贝妙妙说到这里,忍不住长长地叹了口气,接着说,"可是他却因为我太胖了,在家里还不修边幅,就跟我分手了……"

听到这里,我心里有些担忧。

她看向我,说:"黑妞不一样,它只认我一个人。无论我在外面光鲜亮丽,还是回到家里披头散发;无论我赚的钱多钱少,还是我的眼睛是双眼皮还是单眼皮,它总愿意停在我身边,说'亲一个'。所以分手的时候,别的什么我都可以不要,只有它不能丢下。"

"这段时间有好多次我饿得瘫在沙发上没有力气动,它甚至将薯片、小饼干衔来放在我面前,一直注视着我,希望我吃。它仿佛能明白我的难受,而且,它不在乎我的体重,只是希望我健康。"

我轻轻地叹了口气,语气中夹杂着理解与怜惜:"妙妙,我忽然明白了,你为什么对前男友那么好。你总是觉得自己不够好,把自己置于卑微之地,把爱建立在证明自己值得的基础上。每当他对你有所回应时,你就想倾尽所有去讨好他,试图以此来获得更多认可。"

贝妙妙的眼眸中闪过一丝诧异,显然,她未曾如此深刻地剖析过自己的行为。我继而引导:"显然,你的内心深处缺少对自我的坚定认同。很多时候,我们对自身外貌的不满,其实是内心对认同感的渴望在作祟。当个体的自我价值认同不够稳固时,他们往往会不自觉地依赖外界的评价来稳固自己的价值。"我进一步阐述:"这种依赖,就像一个陷阱,既让你对自己的外貌产生过度的关注与焦虑,又让你误以为外貌是赢得他人认可与尊重的唯一途径。"

图7

　　贝妙妙是个直来直去的姑娘，我和她相处时，通常都是她说得比较多，而我则更多地扮演倾听者的角色。但今天，我却特别想多跟她说说话，多了解她的内心世界。

　　"今天下午，你和黑妞玩耍的场景，是我看过你最纯粹、最动人、最快乐的样子。当一个人因为自己的容貌感到焦虑时，内心往往充满了不安与迷茫。这种'容貌焦虑'，往往会驱使你在他人的评价中去确认自我价值，还可能因为一句不经意的否定就陷入自我怀疑。冷白皮确实很漂亮，但是燕麦色皮肤同样也很有魅力。锥形脸可能会显得精致,但方形脸又自带不容忽视的气场。这个世界上的每个人都是独一无二的,对美的诠释也各有千秋。就像哲学家莱布尼茨说的,'世界上没有两片完全相同的树叶'。"我认真看着她的眼睛,继续说,"所以,你应该学会接纳真实的自己。每天站在镜子前,不再是带着挑剔的目光审视自己,而是以一种探索与欣赏的心态去感受。你的眼睛、鼻子,乃至身体的每一个部分,都是你个性与生命力的载体,是你独特存在的证明,不是仅供他人观赏的对象。"

"接纳自我?"贝妙妙脸上流露出思索的神情。

"对,接纳自我,意味着要在理解自己的全部基础之上构建起积极的自我形象。它不是放纵自我,而是一种健康的自我尊重和爱护。"我微笑着,深情地劝慰,"你的价值,远远超越了外在的容貌。你的才华、你的热情、你的坚韧,这一切构成了你独一无二的存在,也让你的生活充满了意义与价值。"

贝妙妙听到这里时,眼里忍不住泛起了泪光,她握住我的手说:"这是第一次有人跟我说要欣赏我自己。我就知道今天跟你喝咖啡是正确的选择。"

7.4　打破容貌焦虑，重新养一遍自己

那天和贝妙妙道别后，我驱车回家，途中瞥见了好几家轻医美医院的招牌，其上赫然写着"美，乃竞争力之源"以及"三十六计，美为先策"的宣传语。

这些标语把"美丽"视为一种资本来宣扬，引发了我对"容貌焦虑"的深刻反思。所以，第二天早晨到了公司后，我便迅速带着何淼展开了一项简单的调研。

在公司大厦一层的咖啡厅里，我们随机采访了十位女孩，询问她们是否受到"容貌焦虑"的困扰。答案几乎是异口同声的"是"。有的女孩含蓄地表示对自己的容貌不甚满意，而有的则直言不讳地指出自己不喜欢身体的某个部位，表达了通过整容来改善容貌的意愿。无一例外，这些女孩都对自己的容貌持有一种挑剔的态度。

何淼不理解我为什么一大早就进行这样的调研，但当我把贝妙妙的故事告诉她时，她瞪大了眼睛，满脸疑惑地说："她那么漂亮，居然还有容貌焦虑？92斤还想减肥，那我这种身高163厘米，体重120斤的人，岂不是要无地自容了？"

我看着她轻咬面包、脸颊红润的可爱模样，笑着指了指她的餐盘说："我可没看出来你活得不自在，瞧瞧，早餐就吃两个面包和一杯牛奶。"

"哎，能吃是福嘛。"何淼不以为意地回应我的调侃，自我宽慰道。

我们找了个安静的角落，继续享用早餐。

"我昨晚特意浏览了一些社交媒体平台，发现推送的话题多是'男生喜欢什么样的女生？''一白遮百丑''美丽是通往成功的捷径''化妆减肥让美丽触手可及，仿佛生活都因此变得轻松'。在这个倡导'男女平等'的时代，'美貌即资源'的论调却愈演愈烈，无形中把'女性的美貌可以换取资源'的观念深入宣传。很多女性被这些理念迷惑，长期受到'温水煮青蛙'式的心理影响，逐渐陷入'容貌焦虑'的旋涡，这不是一个好的现象。"

何淼咬了一口牛角包，含糊地说："我仔细想了想，我小时候，邻居阿姨总夸我聪明，但又会加一句'如果再漂亮点就能进校文艺队了'。到了初中，漂亮的女生总是备受瞩目。我和我妈讨论过这个问题，她说如果我瘦一点，也会受到更多人的喜欢。进入职场后，'美貌'本身，好像就是一个人很强的核心竞争力了。也许就是这种潜移默化的规则，让贝妙妙在影视圈的生存格外艰难。"

我微笑着说："你触及了问题的核心。贝妙妙的容貌焦虑，从心理学角度来剖析，很可能是植根于她的原生家庭环境。在她成长的过程中，家庭没有给予足够的关心和支持，这种心理学上被称为'情感忽视'所造成的影响，在童年时期不会太明显。但是随着年龄的增长，这些没被满足的情感需求会逐步转化为被认同的内在需求，并开始以焦虑的形式显现，尤其是在外貌方面。她内心的信念可能是，'只有外表变得吸引人，才能获得他人的注意和爱'。这种想法，是她在寻求补偿童年时期缺失的关爱和认可。事实上，她内心深处真正渴望的是家人的理解和接纳，是那份久违的情感连接。"

何淼点头表示赞同，但脸上又浮现出一丝忧虑，她问："我觉得她的父母能说出那么苛刻的话，短时间内改变家人对她的认知和态度好像不太容易啊。我们还能做些什么呢？"

我吃完手中的面包，端起热可可，缓缓地说："当然，改变容貌焦虑不是一蹴而就的事，但我们可以尝试'重塑'自己的内心，把自己重新'养'一遍。"

何淼好奇地看着我，等待我进一步解释。

我悠然地倚在沙发上，语调平和却蕴含着力量："我非常欣赏一句话：'在成长的道路上，成为自己最好的守护者。每个人的原生家庭都有其局限性，可能留下遗憾和伤痛，但正是这些不完美，赋予了我们成长和自我疗愈的机会。'"

何淼听得入神，眼眸中闪烁着思考的火花，她轻声问道："那具体该怎么做呢？"

我微笑着娓娓道来："首先就是要看见那个被忽视的自己。容貌焦虑的根源，往往是因为我们的自我认知和外界现实之间出现了心理落差，这在心理学上被称为'认知失调'。我们要铭记，身体、智慧与心灵，三者交织，共同构成了完整的自己。所以，当你因为容貌而感到自卑或自我怀疑时，请尝试着停下内心纷乱的思绪，放下那些无谓的评判和苛责。正如卡尔·罗杰斯所说的，'自我接纳是个体心理成长的关键'。"

何淼闻言，若有所思地点了点头："确实，每个人的容颜都是大自然的杰作，独一无二，不可复制。在古代，美的标准就是多样化的。反而是现在，社会看似很开放，却常常把'白幼瘦'作为单一审美强加于人，限制了我们对美的理解，太狭隘了。"

我深以为然，继续道："我们应当把焦点从改变外貌转向丰富内在上。多阅读书籍、聆听讲座，这些都能开阔我们的思维。再培养一项热爱的兴趣或者技能，并且持之以恒地去追求和精进。就像哲学家尼采说的：'拥有一个为何而生的理由，几乎可以忍受任何一种生活的苦楚。'当我们沉浸在自我成长的喜悦中时，这种由内而外所散发的成就感和自信，会充分地滋养我们的心灵，我们也就不会再关注那些细微的外貌特征了。"

何淼的眼中闪烁着前所未有的坚定与光芒："对，我要成为自己最好的守护者。社会赋予了我追求美丽的权利，同时也赋予了我拥抱不完美的自由。因为，无论美丽与否，我都是这个世界上独一无二的存在。我有权选择自己的道路，展现自己的美。"

我看了看她，温和地说道："你的理解没错，但我要强调的是，无论追求哪一种审美风格，重要的都是发自内心的悦纳自己，把自己的健康和幸福放在首位。"

何淼非常诚恳地点头。此刻，她餐盘中的两个面包已经变成了星星点点的碎渣。

我微笑着递给她一张餐巾纸，继续说："要解决容貌焦虑，不是一朝一夕的事。人生就像是山峦，有高峰也有低谷。要说这个世界上什么是最公平的，那就是时间。如果能给自己设定一个目标，不管是旅行、跑马拉松还是学习绘画，只要能全身心投入自己热爱的事业或爱好中，那么别人的评判和眼光自然就变得微不足道了。"

"确实，我们不应该将自己的价值仅仅与颜值挂钩。"何淼补充道，"颜值只是外在的一部分，我们还可以在学识、认知、爱好、幽默感等方面塑造自己的优势。当压力来的时候，学会释放压力；当快乐来的时候，就尽情享受快乐。"

我微笑着点头说："对，只有内心有重量，才不会轻易被他人的眼光吹散。"

何淼笑着喝了一口咖啡，突然话锋一转，问："源姐，鹦鹉真的会说'亲一个'吗？"

"当然了。"我笑着回答，"妙妙上午给我发了个视频，我还没来得及看，应该很有意思。"

"快给我看看！"何淼迫不及待地站起来，凑到我的手机前。

何淼被黑妞的精彩表演视频深深吸引，不住地发出赞叹。而我的目光却不由自主地被贝妙妙的脖子吸引，她光滑的脖子上没有了那条choker项链，她微微昂着头，仰望天空，那一刻，她的天鹅颈显得尤为优雅。

也许，她开始相信，原本的自己，就足够好。

第八章

如果只是在
"拯救流浪狗"

8.1 以爱的名义拯救流浪狗

一周忙碌的工作终于画上了句号，我之所以这么期待这个周末，是因为悦宠救助站的小动物们马上就可以用到我为它们筹集的猫粮狗粮以及药品了。早晨闹铃一响，我就立马起床洗漱，吃了营养均衡的早餐，换上一身轻便舒适的衣裳，开车前往救助站。

由于前一天刚下过雨，空气格外清新，微风拂过，带着丝丝凉爽。

经过四十分钟的车程，我来到了位于郊区的悦宠救助站。一进入小院，就看到了张大姐站在门口迎接我，她的笑容一如既往地温暖。在她的帮助下，后备箱里的猫粮狗粮很快就被整齐地放进了库房。

我刚坐下喝了一口水，就看到高大健壮的朱希亮如同旋风般冲了进来。

"这是怎么了？火烧屁股了？"张大姐笑着打趣道。

"阿丑找到了！"朱希亮带着激动和期待的口吻说。

我和张大姐闻言，顿时惊喜地站了起来，不敢相信地问：

"真的？"

朱希亮一边整理着手头的东西，一边迫不及待地说："真的找到了，我现在就赶过去回访。"

阿丑是朱希亮在四年前捡的一条流浪狗。我依稀记得当时的视频内容：暴雨刚过，阿丑浑身泥泞，毫无生气地躺在垃圾桶旁，周围的苍蝇乱飞。如果不是它偶尔动弹一下，我还以为它已经死去了。朱希亮把它带回救助站，精心照料，为它治病疗伤。它是一只实验犬，它的经历让我们这些救助站的志愿者深受感动，也就越发同情它被抛弃的遭遇。经过两年多的相处，阿丑终于恢复了活泼的本性，几乎和其他狗狗没什么区别了。

去年，我们还自认为幸运地为它找到了一个称心如意的新主人。

当初朱希亮给阿丑起这个名字时，我还曾嫌弃过他的起名能力。那么多好听的名字比如阿福、贝壳、珍珠等他不取，偏偏选了个"阿丑"。我心想，阿丑这个名字多难听啊，它明明长得不丑。

朱希亮却笑着说："这是我奶奶的名言，'贱名好养活'。"

我一听就没再多说什么，只希望阿丑能健康快乐地生活下去。

然而，让我们所有人都没想到的是，那个领养人起初还会给我们发一些阿丑的照片和视频，但三个月后却突然失去了联系。现在，阿丑被找到的消息无疑给我们带来了巨大的惊喜。

悦宠救助站的每只动物在被领养时，都要求领养者签订领养协议，定期分享宠物的近况，接受救助站回访。阿丑失联的消息就像一块巨石，重重地压在我们每个人的心头。当朱希亮传来找到阿丑的消息时，我急切地站起身，紧随其后："亮哥，我跟你一起去。"

我们两人迅速出发，张大姐慢一步没追上，只剩声音在风中回荡："注意安全啊！"

我们两人一路上沉默不语，心中既期待又担忧。期待着即将见到久别的阿丑，担忧它没被好好照顾。

根据朱希亮朋友提供的定位，我们在郊区一个村子的羊圈附近找到了阿丑。它被一条黑色的铁链紧紧地拴在了一辆破旧的三轮车上，毛发再次被泥污覆盖，狗食盆里空空如也，旁边只有一盆浑浊的水，这或许是它日常的饮水。

周围羊圈散发的难闻气味和阿丑的惨状让我和朱希亮非常不适。而且，阿丑见到我们竟然躲在车下不敢出来，那双曾经充满光芒的眼睛如今却满是恐惧。我们简直不敢相信自己的眼睛。

"阿丑……"我和朱希亮轻声喊着它的名字，但它却毫无反应。朱希亮试图拉着铁链将它从车底拽出，但它却受惊一样惨叫着不断往后退缩。

看到这一幕，我的心中涌起一股难以名状的情绪。

"你怎么变成这样了？你不认识我们了吗？"我哽咽着，无法相信曾经调皮可爱的阿丑会变成这样。

"阿丑，乖，出来，我带你走。"朱希亮的声音也带着颤抖。

也许是阿丑的惨叫声惊动了领养人，他终于在失踪了几个月后现身了。

我愤怒地质问他："你怎么把狗养成这样了？"

领养人是个四十多岁的中年男子，他狡辩道："它在家里总

图8

是上蹿下跳,我把它带来户外更宽阔,况且只是短暂待两天。"

我愤怒地反驳:"那你好歹给找个干净的地方啊,给它把水和饭准备好啊,你看现在多脏啊!"说着,我忍不住擦去了眼角的泪水。

朱希亮继续尝试和阿丑接触,但每当他抬手想要抚摸阿丑的头时,阿丑都会惊恐地往后撤,并发出凄厉的惨叫声。

它此刻已被恐惧占据了全部。

朱希亮憋了一肚子气,实在忍不住,便愤怒地质问领养人:

"你怎么养狗的?你看看它身上都是伤!你为什么失联了?"

领养人反驳道:"我妈他们农村都是这么养狗的,吃的喝的又不缺,它又不是个人。"

这番不负责任的话让我们更加愤怒,他和领养时表现出的和善形象简直判若两人。

朱希亮忍无可忍地反驳道:"我们之前可是签过领养协议的,每个条款你都是答应的。你现在这种行为是违约的!"

领养人却满不在乎地耸了耸肩:"领养协议是领养协议,现在它是我的了,你别管那么些个破事儿。还回访?你今天就多余来这趟。"

一股怒火瞬间涌上我的心头,我愤怒地瞪着他,严厉地说:"你这是什么话?领养协议上白纸黑字写得清清楚楚,你签名按手印都是具有法律效力的。更何况,领养时我们已反复强调,阿丑是实验犬,性格敏感,它曾为人类的进步做出了巨大贡献,应该得到细致入微的照顾。可你看看,你是怎么照顾它的?"

朱希亮已经不想和这个人多费唇舌,他紧握着阿丑的牵引绳,果断地转身向外走:"我不想与他废话,我带它走。"

"哎?你说带走就带走?这可是我的狗,我每天都要给它喂食、喂水、喂药,可没少花钱呢……"领养人一听便不满地抗议。

"没少花钱?"朱希亮冷笑一声,眼中闪烁着愤怒的火光,"你还跟我谈钱?这狗我带回去还得给它看病,我没找你要钱就不错了,你还敢跟我提钱?"

朱希亮近一米九的魁梧身材,平日往那儿一杵都像一座不可撼动的山一样。此刻他满腔怒火,站在领养人面前,气势逼人,对方就不敢再嚣张了。我们顺利地带着阿丑上了车，解开它脖子上的铁链，把它扔给了领养人。也不顾他的骂骂咧咧，开车直奔陆晶晶所在的宠物医院。

当穿着白大褂的陆晶晶看到我们两人牵着阿丑进来时，愣了一下，随即惊呼一声："阿丑？"

"快给它看看，它身上有很多伤。"朱希亮焦急地拉着阿丑走进诊室。

阿丑第一次被救助时给它治疗的也是陆晶晶，也是在那个时候我们发现了它耳朵上的编号，从而得知实验犬这个事的存在。

陆晶晶不敢耽搁，立即开始给阿丑做检查，她一边听我讲述阿丑的悲惨遭遇，一边小心翼翼地给它清洗、剃毛。随着毛发的逐渐褪去，那些触目惊心的伤口、消瘦的身材也显露出来。

陆晶晶满眼怜悯，愤慨地说："也不知道在那个家里遭了多少罪！这是虐待啊！"

"在回来的路上，我给它喂了点吃的，它又害怕又狼吞虎咽，好像饿了很久了。"我的心情也随之沉重起来。

随着剃刀的每一次挥动，阿丑身上的伤口也逐渐增多。当剃刀触及阿丑的颈部时，它突然从最初的不安与抗拒变得情绪失控起来。陆晶晶不得不给它注射一针镇静剂。尽管我们早已做好了心理准备，但当那颈部上触目惊心的伤口展现在我们眼前时，我们还是倒吸了一口冷气。

"它的脖子上布满了伤口，有两处已经发炎了。关键有一个贯穿性的伤口，必须马上进行手术。"陆晶晶的声音中充满了沉重与决心。

我们眼含泪水，目送着陆晶晶抱着瘦弱不堪的阿丑走进了手术室。

"好好的一条狗,不给那个人领养就好了。都怪我没好好审核那个人的资质。"朱希亮突然自责地低声说道。

他一路上都是沉默寡言的,我能从后视镜中看到他紧绷的脸庞和紧锁的眉头。即便到了医院,他也是神色凝重地在帮忙。

我看着他一个四十多岁的大老爷们,此刻眼眶泛红,双肩垂落,忍不住轻声安慰道:"还好你给它起了'阿丑'这个名字,真的管用,命大!又被你救了一次。"

朱希亮沉默了片刻,随后沉声说:"其实,'阿丑'是我曾经的名字。"

8.2　宠物救助中的完美父母角色的投射

我霎时愣住了,完全没想到背后竟有这样的隐情。随后,我似乎逐渐理解了他为什么一直如此热衷于救助流浪动物。

"亮哥,这不是你的错,不要把不属于自己的责任揽在自己身上,然后责备自己。"我用坚定的眼神、语气告诉他。

"不是吗?"朱希亮眼里满是不安和挣扎。

我心中再次感到震惊,猛地一拍他的胳膊,打破了现场弥漫的悲伤、失落与自责的氛围,斩钉截铁地说:"当然不是!"

朱希亮今年四十三岁,他是个仪表堂堂、事业有成的男人。尽管婚姻有些波折,但他有一个可爱的女儿与他相依为命。我们相识于悦宠救助站，每当他带着流浪动物回来，并成功将它们救活时，我就觉得他的身上好像笼罩着一层神圣的光环。渐渐地，我们成了至交好友。

阿丑的骨折手术大约需要三个小时，我们出门时匆忙，一上午还没吃东西。我笑着对他说："亮哥，我都听到你的肚子在抗议了，我们先去填饱肚子吧。阿丑手术后还需一个月的康复期，我们有的是时间陪伴它。"

于是，我们在宠物医院附近，轻车熟路地找到了一家粤菜馆。

饭桌上，朱希亮打开一瓶啤酒，大口饮下几口后，愤愤地说："你说那个人怎么能这么不负责任呢？"

"是啊，前后的态度变化实在太大了。"提起此事，我也感到气愤不已，"这样的人，真是善于伪装，我也是头一回遇到。"

朱希亮嘴角勾起一丝嘲讽的弧度，缓缓说："我是第二次遇到了，第一个是我父亲。"

我有些诧异，手中的筷子夹着一块烧腊。

"我父亲是个'三只手'。"朱希亮平静地说，像是在说一件稀松平常的事，一件与他无关的事。

我一时不知该说什么，怔怔地看着他。

朱希亮没有理会我的惊讶，继续说："他只有小学文凭，是个农民，没什么文化，又好吃懒做。刚和我母亲结婚的时候，他们住在农村，每天需要早起种地、锄草、种菜、育苗，但他总是睡到日上三竿才起床，趿拉个拖鞋在地里转悠一圈就走了。"

接着他轻叹一声，无奈中透露出些许笑意："我母亲也不知道是怎么看上他的，自从嫁给我父亲后，跟着他没少遭罪。家里日子过得穷，我父亲就开始剑走偏锋，想要不劳而获，终在我四岁那年锒铛入狱。从那之后，我就和母亲相依为命。但是，在我六岁时的一个下午，母亲也突然消失了。"

我惊愕地望着他。

他轻轻摆了摆手，示意我继续用餐，自己则轻抿一口酒，缓缓道："从那之后，我就跟着爷爷奶奶生活。后来他们的年纪也大了，我就开始在姑姑叔叔家轮流吃住。尽管我和外公外婆在同一个村子里，但是，因为他们不喜欢我父亲，连带着对我也不喜欢。到了上学的年纪，他们也不送我去上学，我今天给叔叔家打猪草，明天给姑姑家搬柴火，后天是下地干农活。"

"没想到，你小时候的经历这么坎坷。"我感慨道。

朱希亮夹起一块罗马生菜，轻描淡写地说："父亲五年后出来才知道我母亲跟人跑了。他就更放纵自己，整天不务正业，开始酗酒，只要稍微不满意就打我。我小时候虽然吃得不好，但是个子比同龄人长得高，就是很瘦。唯一值得庆幸的是终于可以上学了。那时候，我就发誓，长大以后，一定不要像他那样。"

"那个时候，村里的小孩都把我当异类，从来不跟我玩儿，甚至还骂我是'扫把星'。我唯一的朋友，是一条捡来的土狗。"朱希亮抬起头，眼中闪过一丝温柔。

我心中已然明了，在农村，一条流浪狗的命运往往充满了未知。

朱希亮摩挲着酒杯，沉默了片刻，才缓缓开口："有一天，我回到家，发现饭桌上居然摆着一盆肉菜，而且我父亲难得没喝醉，我很开心。可是，等我吃完肉以后，我才知道，他把我的狗杀了,我们吃的就是。"

他的话音刚落,我的心脏猛地一紧,好像被一只无形的手紧紧攥住,手里的筷子忽然变得如千斤之重,却又感觉不到它们的存在。我试图说一些安慰的话,可是声音却卡在喉咙里,怎么都发不出声来。我有一种深深的无力感,任何语言在这一刻都是那么的苍白无力。

"后来,我爷爷实在看不下去父亲一直这么过日子,就花钱又给他找了个老婆。我的后妈是个很能干、很厉害的女人,我对她很尊重。自从她来了我们家以后,我父亲也开始逐渐振作起来,从开始摆地摊卖早点到开超市,渐渐地把日子也算过起来了。他们每天忙着赚钱,从没关心过我的学业、健康,对我几乎是不闻不问。我的继母虽然对我不错,但她也有自己的孩子需要照料。"朱希亮叹了口气,眼中闪过一丝释然,"幸运的是,我考上了大学,终于有机会离开那个所谓的'家',开始了我自己的生活。"

我轻叹一声,思绪万千。有人曾说得很深刻:"幸运的人一生都被童年治愈,不幸的人则用一生去治愈童年。"

"自从我毕业工作以后,他不知道怎么,忽然转性了,开始频繁地关心起我的情况。我本来就渴望着亲人的关怀与爱护,所以每次都是毫无保留地分享着我的生活琐事。但是,他却总是跟我说读书无用,还不是给别人打工,不像他开超市,大小也是个老板。他的每句话都在打击我的自信心,他们指责我太骄傲自满,承受不住挫折。他特别喜欢讲那些假大空的道理,我简直没法跟他沟通。直到后来我才恍然大悟,他真正的意思是,觉得我早早地在大城市独立生活了,却没本事让他过上大富大贵的体面生活。"朱希亮说到这里，抬起头，带着一丝自嘲的笑意，问道："你看，他这伪装的本事怎么样？"

面对他如此坦然的自嘲，我却心口一紧。他可以用玩笑的口吻揭开自己的伤疤，但我却无法轻松接住这个玩笑。

那顿饭，我们两人都食不知味。

经过三个多小时的漫长等待，阿丑的手术终于顺利完成。陆晶晶小心翼翼地把它抱进留观室的笼子里，昏睡中的阿丑毫无知觉。

我轻声呼唤阿丑，却突然想到了朱希亮的故事，总觉喉间被什么东西堵住，发不出声音来。

朱希亮并未察觉到我的异样，他正专心地给阿丑整理小垫子，仔细观察着伤口的情况。我知道，他会一直陪伴在阿丑身边，直到它苏醒。

然而，当我凝视着他的背影时，心中却涌起一股莫名的感慨。我不知道他是在照顾着小时候的自己，还是在照顾那只曾经被他父母杀掉的宠物。

他的父亲，曾以虐待、忽视乃至抛弃的冷酷手段，在他的心灵深处烙下了不可磨灭的印记，如同梦魇一般挥之不去，时刻警醒他切勿走上相同的道路。

他开始变得更加健谈且平静，把那份对"完美父母"的深切渴望，转化为对流浪动物无微不至的关怀和爱护，这不仅是他在内心深处寻求自我救赎与和解的旅程，更是他重塑自我价值和存在的意义。

在拯救和照顾这些无家可归的小生命的过程中，他找到了足以让他超越个人的伤痛与苦难的力量。

8.3 重构童年经历，拯救内在小孩

陆晶晶对朱希亮照顾阿丑的能力毫不怀疑，毕竟这已经不是他第一次照顾流浪狗了。她悄然拉我到一旁，低声嘱咐我去取药。

我趁此机会关切地问道："千岁最近怎么样？还好吗？"

陆晶晶微微一笑，轻叹一声："吃了药就好受一点，但毕竟上了年纪了。"

我点点头，轻拍她的肩膀以示安慰："你也要多保重。"

"嗯，我已经做好了它随时……离开的准备。"陆晶晶反而以微笑宽慰我，让我无须挂怀。

我拿着阿丑的药物重返留观室，只见朱希亮坐在笼边，面色凝重，他轻轻握着阿丑的一只爪子，每当阿丑抽动时，他总会轻声安抚："阿丑，不痛了，不痛了……"

一小时后，阿丑缓缓苏醒，但只能无力地趴在笼中，发出微弱的呜咽。

朱希亮不忍我目睹阿丑痛苦的样子，坚持让我先行离开。我拗不过他，只能被他送出门外。

回家的路上，我的心情沉重得如同铅块，这种压抑感一直持续到次日上班。

我带着何淼进入三人小会议室，当她听闻阿丑的遭遇时，小

姑娘瞬间怒不可遏，愤怒地咆哮道："真是岂有此理！"

"他怎么能这么无耻，签了协议却出尔反尔！"

"这样一个对人类有巨大贡献的动物，哪怕照顾不周，但至少不要虐待啊！"

"这种人，根本不配养宠物！"

我对她的观点深表同意。

当我跟她讲到阿丑和朱希亮的关联，以及他的故事时，何淼也感到了这个故事的厚重和压抑着的悲伤。

今天，我特意准备了两瓶可乐来开会，人们常戏称它是"肥宅快乐水"，希望喝了能多分泌一点多巴胺，来中和一下我憋闷的心情吧。

何淼放下了对热量的顾虑，把手里的可乐一饮而尽，语气中夹杂着不容忽视的愤慨，说："就算朱希亮小时候比同龄人高大，那也只是生理上的成长，并不代表他在心智和情感上也达到了同样的成熟度。他的家人竟然用对待成年人的标准来苛求一个七岁的孩子，这不就是在迫使他过早地进入成人的角色吗？"

"确实。他的童年缺少了父母的陪伴和关怀，被迫早早地承担起成人的职责，承受了那个年龄不应有的压力和责任。这让他比同龄人更早地学会了独立和自我照顾，但这种早熟背后，是他对家庭归属感的缺失。"我赞同道，同时抿了口可乐，感受着气泡在舌尖的跳动，仿佛它也在释放着我心中的沉重。我叹了口气继续说："外人可能只看到他的勤快和懂事，却看不见他内心深处的挣扎和自卑。他的内心，其实一直住着一个渴望关爱和认同的小孩。"

"内在小孩"这一概念，最早可追溯至荣格的原型理论，他指出：每个人的内心深处都藏着一个与童年经历紧密相连的情感状态、记忆和体验，它代表了我们最初的感受、需求以及对世界纯真的认知。这个"内在小孩"会记录下我们的喜怒哀乐，那些委屈、愤怒、受伤、被否定、被打压的情绪都深深地烙印在我们的心灵之中。当我们再次受到伤害时，我们的自我就仿佛又回到了那个受伤的时刻，变成了那个"内在小孩"。

何淼沉吟了片刻，然后缓缓开口："我想，当他救助阿丑时，不仅仅是在救助一只受伤的动物，更是在无形中照顾了自己内心里那个童年时受伤又无助的小孩。就像荣格说的'内在小孩'，就是我们和自己最真实的连接。阿丑的无助和脆弱，唤起了他对自己童年时期的情感共鸣。"

"对，他在和宠物相处中，会把那种没有被满足的关爱需求投射到它们身上。就像进化生物学家史蒂芬·杰伊·古尔德说的，'人类对于幼童的怜爱，是进化的馈赠，而我们在与宠物的相处中，往往将这种情感投射到了它们身上，因为它们具有与人类幼童相似的特质'。"我抬头望着何淼，微笑着问："那么，你觉得他该怎么疗愈这个'内在小孩'呢？"

何淼沉浸在自己的思绪中，然后缓缓开口："我是从特殊的疗愈视角看待朱希亮和阿丑之间的特殊联系，阿丑不仅是他同情的对象，还是他内心世界的映射。要想妥善疗愈这个内在的小孩，他需要把对阿丑的关爱转化为自我疗愈的力量，需要认识到自己对阿丑的拯救愿望，实际上是内心深处对自我救赎的渴望。"

我微笑着点头表示认同，说："这不是简单的情感转移，而是深层次的心理整合过程。朱希亮在和阿丑的互动中，能够重新体验并处理那些童年时没有被满足的情感需求。"

何淼喝了口可乐，组织了一下语言，继续说："我认为朱希亮的疗愈步骤是这样的，首先他要在心理层面上觉察阿丑的境遇和自己童年的遭遇之间的联系，然后通过为阿丑提供关怀和安全感，来象征性地满足自己童年时期对关爱的需求。他还可以借助创造性写作疗法①或艺术疗法②，把与阿丑的故事转化为一种情感的加工和自我探索的方式，也可以通过写作或绘画，自由地表达那些没有说出来的情感，促进情感的整合和自我理解。"

"他也可以寻求专业心理咨询师的帮助，在一个安全的治疗环境里，重新体验和塑造那些早期经历，进一步探索和解决内在小孩的创伤，进行情感的释放和自我修复。"我回想起昨天朱希亮的讲述，从中能感受到他压抑的愤怒、伤心、恐惧等情绪，于是缓缓道："他的童年不像其他孩子一样可以无忧无虑地玩耍，反而被迫承担了本不属于他的大人职责，这些不属于他的义务剥夺了他作为孩子被照顾的权利。而他的父亲，本来应是他最坚实的后盾，却选择了抛弃与虐待他。这对他来说，无疑是极其不公平的。所以，他还需要学会自我同情和自我关爱。通过自我同情的练习，他可以培养对自己的理解和接纳，从而逐步建立起内在的安全感和自我价值感，为那个曾经受过委屈和伤害的孩子安放伤痛。"

何淼同情地叹息："这换作任何人，都会心生怨恨吧。"

我微笑着点头，宽慰道："是的，他需要一个安全的空间释放这种压抑的愤怒与怨恨。比如，他可以在镜前面对自己，去控

---

① 写作疗法（writing therapy）是一种心理治疗方法，借助书写活动进行。
② 艺术疗法是以多种艺术形式（包括绘画、音乐、舞蹈、心理剧等）为媒介进行心理咨询与治疗的方法。

诉父母的过错，质问他们为什么要虐待、抛弃自己。当他的悲伤和愤怒被真正看见，爱也由此诞生。因为所有的怨恨与愤怒，都源于求爱不得的那个'内在小孩'。"

何淼感慨道："是啊，他能在那样的环境中生存下来，真是不容易。要是换作我……"她想象了一下，不禁紧抱双臂，摇头道："简直无法想象。"

我微笑着鼓励她："所以，我们要感谢并欣赏那个在逆境中挣扎求生的自己啊。"

"你说得对。"何淼赞同道。

我内心五味杂陈，感慨地说："他承受了那么多的委屈、孤独、无力与痛苦，却依旧能够坚强地走到现在，事业有成，还能做自己喜欢的事情。这就好比一个人在黑暗中摸索前行，最终走到了光明的地方，更难得的是，他没有沾染上坏的习惯和风气。他用自己的力量，把自己安全地抚养长大，这难道不就是他最伟大的成就吗？"

何淼激动地点头："下次见到他，我一定要告诉他，他就是自己的英雄！"

我笑着点头："这是个好主意。不过，他能不能接受你的赞美，还取决于他是否能宽恕他的父母。"我喝了口水，给小姑娘提了个醒。

何淼皱眉道："啊，这个也太难了！"

我轻轻叹了口气，感慨道："是啊，宽恕是条漫长又曲折的路。朱希亮在寻找宽恕的过程中会遇到双重挑战。首先，他要跨越宽恕父母的局限。要知道，每个人的行为都是他们个人过往经历的产物，一些父母或许因为各自的成长环境和教育背景，没有掌握健康的爱的表达方式。他们的言行，更多源于自己的恐惧、痛苦和无知。他们可能从来没有考虑过自己的行为会对朱希亮造成多深的伤害，又或者他们自己也在和自己的创伤做着斗争。所以，宽恕他们不是忘记或否认之前的伤害，而是尝试着去领悟他人行为背后可能存在的复杂因素，从而生长出自我成长的力量与解决问题的决心。其次，他还要宽恕自己。自我宽恕在心理学中是一个重要的自我治愈过程。他需要认识到，作为一个孩子，他当时的能力是有限的。他需要释放那些对自己未能保护或拯救自己的自责。一个孩子在成长过程中能够做到的最好的事，就是生存下来，并尽可能地适应环境。他需要宽恕自己当初的无助和无力，认识到他已经在自己能力范围内做到了最好。"

宽恕这个行为背后，蕴含着深刻又复杂的心理过程，需要勇气和智慧双重加持。只有通过宽恕这条路，朱希亮才可以释放过往的束缚，开始建立新的自我认同，不再以受害者的身份看待自己，而是以一个有力量、有选择的成年人的身份重新定义自己。毕竟，正如一句智慧之言："接纳什么，什么就消失，否定什么，什么就存在。"

8.4 在悲伤之地，重建爱的能力

何淼深思着缓缓道出："人们常说：'宽恕他人，也是放过自己。'但是，当他被家庭暴力的阴影笼罩时，我不认为宽恕是一件容易的事。在一个家庭里，很多孩子往往将父亲当作英雄一样地崇拜，但是当这位父亲滥用权威，无端地破口大骂，甚至向无辜年幼的孩子挥拳相向时，他们之间的关系就成了仇敌关系，就像破裂的镜子，难以修复。我不知道那个年幼的孩子一个人是怎么默默舔舐伤口，内心有多么恐惧，又流了多少眼泪，向他父亲求过多少次情。是不是有那么一个瞬间，想要离开这个世界……明明是血脉相连的父子，为什么对待孩子像是有深仇大恨一样？"她说到这里，声音中透露出丝丝的颤动。

我凝视着她，心头涌起一股担忧："你也有相似的经历吗？"我生怕这个话题触及了她的痛处。

何淼抬头望向远方，眼眶微红，她轻轻摇头："不，是我想起高中的一个同学，他也是男生。我们两个不算是好朋友，甚至可以说是对手，总在成绩榜上争夺一二。当时的我心高气傲，特别不服气他。高二那年夏天，月度考试成绩公布，我又一次得了第一名，他紧随其后是第二名。有一天放学后，他突然叫住我，说要请教问题。我心里很是得意，跟着他到学校附近的公园，那里有座湖心亭，我们坐下来。但是，那天他没跟我请教问题，只是坐在湖边，平静地跟我讲了他的遭遇。

"父母离异后，他就跟着父亲生活。每当考试不是第一名，就会遭受父亲的毒打。我看了他的胳膊……"她用手在自己的手臂上比画着，"有这么粗的伤痕，是用皮带打的。我劝他去找妈妈，他说尝试过了，但对方已经有新家庭，而且特别不愿意他频繁打扰。他忽然说，他只活到17岁，然后就自杀。

"当时，我吓坏了，我拉着他的手哭得停不下来……

"他好像被我哭的样子吓到了，忽然也跟着哭泣起来，边哭边安慰我。我当时就想，我再也不跟他争第一名了，只要他不自杀就行。

"第二天上学，我心里还难受得要命。他却跟个没事儿人一样，好像我们那天的事没有发生过。大概一个月后，我和同学又到公园玩儿，刚到公园门口就看见一辆救护车开了出去。我听到人们议论纷纷，说有人跳湖淹死了。我当时觉得脑子都是空白的。等我跑到湖边的时候，什么也没有，那里安静的可怕。他在我们上次聊天的地方自杀了。"

我递上纸巾，心中满是沉重："没想到今天的话题，会勾起你的伤心往事。"

"是否觉得这一幕颇具戏剧性？"何淼边擦拭泪水，边苦笑着感叹道，"然而，有时现实的荒诞，远胜于任何戏剧的编排。"

我深知，在我们对话的此刻，仍有无数孩子正默默承受着家庭暴力的阴影。这是一个沉重的话题，我并未觉得它戏剧化，只是为那些无辜的孩子感到深深的悲悯。

"你只是在为他抱不平，替他感到委屈。"我轻声说道。

"是啊……"何淼抽泣着,声音略显颤抖,"所以,我觉得宽恕并不是一件容易的事。"

我温柔地环抱住她的肩头,轻声说道:"成年后的我们,拥有了重新定义和父母关系的权力。朱希亮选择不接听父亲的来电,这不仅是对过往的一种回应,更是勇敢地划定了情感边界。"

何淼的眼眸闪烁着共鸣与坚毅,她应声道:"确实,我们已经不再只是被动接受的孩子,而是能够主动塑造自己生活的主角。"

"宽恕,并不是对过往不公的遗忘,而是一种心灵的超越和释放。它让我们挣脱过去的枷锁,以更加成熟和宽广的视角看待生活。同时,要学会自我接纳,拥抱我们生命的每一刻经历,无论开心还是痛苦。就像埃里克·埃里克森所说的,自我认同的达成,是一个人能够说'我就是我'的内在和谐状态。"我凝视着窗外世界的喧嚣,心中泛起层层涟漪,"我们的任务就是,在这片纷繁复杂的天地间,找到属于自己的宁静之地,把每一次挫折都当作成长的礼物,接纳过往,珍爱自我,善待他人,感受生命里每一份美好和宁静。"

"对,接纳自己,爱自己太重要了。"何淼的语气中充满了力量与决心。

正如黛博拉·霍沙巴所言,自爱是一种自我支持的状态,它源于对身体、心理和精神成长的呵护与滋养。

我看着她一脸严肃的神色,温柔地说:"爱自己是多维度的,绝不是狭隘和自私。我们要在合理的范围内,满足自己内心的真实需求,倾听自己内心的声音。要有意识地避开那些让我们感到痛苦的人和事，果断地拒绝那些潜在的伤害，要学会说'不'。同时，我们还要坦率地面对真实的自我，既不盲目自大，也不妄自菲薄。要珍视自己所拥有的价值，也要坦诚地接纳自己的不足和缺陷，原谅自己曾经的过错。因为人无完人嘛，每个人都在成长和学习的路上。"

"嗯，我有时候会过度批评自己。"何淼认真反思后说。

我微笑着回应："最重要的是，在那些感到自我怀疑、孤独或恐惧的时刻，请记得回归内心，寻找那个真实的自我。学会自我肯定，不要让外界的声音轻易撼动你的信念。向内心深处那个渴望关怀的自己，伸出一个充满爱意和力量的拥抱，轻声告诉他，你深刻理解他所经历的苦痛，但现在，他已经拥有了成长的力量，拥有了选择自己道路的勇气和智慧。"

何淼认真地听完，说："我要把今天的谈话记录下来，如果下次见到亮哥，我要告诉他，他是真正的英雄。"

童年的空缺未必注定成为一生的遗憾，它也可以成为爱的容器。他没有延续忽视与伤害的循环，这种选择本身就是一种伟大。

第九章

宠物离世的情感成长与自我发现

9.1　你曾来过，便不再只是宠物

今天，我心爱的福宝迎来了它的五岁生日！在喵星人的世界里，它已经是个阿姨级别的女士了。

从我决定领养它那一刻起，这五年来，它陪伴我度过了枯燥的学习生涯，进入忙碌的创业生活，不管是什么阶段，它始终是我身边最忠实的伙伴。尽管它曾经的流浪经历让它很难放下警惕性，但每当感受到它的存在，我就不会感到孤单、寂寞。

我把捡到福宝的那一天一厢情愿地当作它的生日，每年的这一天，我都会为它准备一顿丰盛的美食，并请专业的宠物摄影师为我们记录下这一温馨时刻。

这次的生日拍摄，我特地挑选了一套粉红色的"人宠套装"，这种套装不管是谁看了，都能知道我们是"一家的"。

拍摄日天气晴朗，我们在公园里摆着各种姿势。尽管福宝对人类为什么要给它戴上不同装饰不理解，但它似乎也明白不要轻易反抗"厨子"。

正当我沉浸在观看摄影师相机中的精彩瞬间时，电话铃声突然响起。原本我打算忽略这个来电，但看到是陆晶晶的号码，我犹豫了一下。她既然早就知道我今天这个时段要带福宝拍照,还打来电话,那必定是有什么重要的事情。

我向摄影师示意稍作休息,然后接起电话。

我还没来得及开口,陆晶晶那冷静而沉重的声音便传入我的耳中:"源源,千岁走了。"

"啊?去哪儿了?"我瞬间感到一阵恍惚,不解地问道。

陆晶晶的喘气声变得沉重,声音中带着一丝颤抖:"它走了……我,亲自给它注射的,安乐死。"

当我明白她的话意时,瞬间觉得寒毛竖了起来。我意识到,千岁已经去了汪星球。

"你、你现在在哪里?"我担心她过于伤心,急忙问道,"我现在过去找你。"

陆晶晶平静地回答:"我还在医院。"

"好,我马上过去。二十分钟后到。"我毫不犹豫地说道。

我迅速和摄影师说明了情况并约定了改日拍摄,把福宝装进猫包后马不停蹄地赶到了医院。

我知道陆晶晶和千岁之间的深厚感情,千岁是她生命里不可或缺的一部分,超越了寻常的人宠关系。当我匆忙赶到医院时,看到千岁安静地躺在病床上,好像沉浸在一个安详的梦中,我的泪水便不由自主地涌了出来。

"它现在很平静,不再受苦了。"陆晶晶努力保持着镇定,声音微微颤抖着说,"这是我们能为它做的最好的安排。"

这一刻她泛红的眼眶泄露了太多的情感,我能够感受到她正强忍着心中的剧痛。

她轻柔地用自己的外套包裹着千岁,仿佛在给予它最后一个温暖的拥抱,"我已经联系了殡葬公司。我想带千岁回家,它应该在充满回忆的家里完整地结束在这个世界的旅程。"

"好,好,我们带她回家。"我哽咽着点头,声音中充满了悲伤。

陆晶晶并没有和父母同住,而是选择了医院提供的宿舍作为她的栖身之地。虽然房子不大,但对她和千岁来说,却是一个温馨而舒适的港湾。

进门后,陆晶晶轻轻地把千岁安置在它最喜欢的绿色狗窝中,那个狗窝柔软得如同荷叶一般,旁边还摆放着它平日里最爱叼进窝里一起睡觉的粉色小熊,这个小熊已经被千岁咬得有些变形了。

我们坐在沙发上,我再次忍不住泪流满面。

陆晶晶默默地递给我纸巾,她平静地说:"在它确诊的时候我就开始准备了。这家殡葬公司是客户推荐的,我亲自去考察过,非常专业。我已经预约好了,今天要为千岁办追悼会。"

我的脸上还挂着泪珠,但内心却被她的冷静和细致所震撼。

陆晶晶看着我迷惑的神情,目光温和却语气认真地说:"作为宠物医生,每次给病入膏肓的宠物注射安乐死的时候,我都感到生命很脆弱。每个选择安乐死的决定都是既艰难又有必要的,是对生命最大的尊重。我的专业只是可以让千岁走得没有痛苦。我相信死亡不是终点,遗忘才是。千岁陪伴了我整整十二年,对我而言,它就像家人一样重要。它不仅是我的宠物,更是我生活里不可或缺的一部分。所以,我希望它的离去也能像它生前一样,是被尊重和爱护的。"

我默默地点头,对她的做法深感认同。如果不是她再次点头强调，我甚至会怀疑她只是在告诉我这些。其实，她是在跟自己说话，她此刻的冷静和专业让我开始担心她的情绪。

不久，殡葬公司的工作人员便抵达了家中。他们用干净的设备和定制的包裹把千岁的遗体小心翼翼地装上车。我们安静地看着他们流畅地操作着，他们是专业的，至少我们心里有了些许欣慰。

到达殡仪馆后，工作人员又以同样严谨的工作态度，对千岁的遗体进行仔细的清洁和整理。他们轻柔地清除了遗体上的所有杂质，用温和的消毒方法确保了清洁和卫生，为即将举行的告别仪式创造了一个安全和有尊严的环境。

我们站在透明的玻璃窗前，看着千岁安静地躺在那里，任由殡葬师摆布。它看起来乖巧而安详，仿佛只是在沉睡中。我再次忍不住默默地流下了眼泪。

殡葬师整理完千岁后，把之前为它制作的狗掌印塑封相片和一撮装在玻璃瓶里的狗毛交给了我们。随后，就引领我们进入了告别厅。

在柔和的室内灯光下，千岁静静地躺在一张宽敞的桌子上，四周被白色和黄色的鲜花环绕，仿佛大自然赋予了它一件绚烂的花衣。它的身边摆放着它生前珍爱的物品——那些它曾经追逐、玩耍过的玩具，曾经津津有味地品尝过的零食，还有那只它总是依偎着入睡的粉红色小熊。一张千岁调皮玩水后带着灿烂笑容的照片被立在它的身边作为遗照。照片里的它眼睛里闪烁着对生活的热爱和对世界的好奇。

图9

"这是我和千岁一起选的,好看吧?"陆晶晶指着那张照片对我说。

然后,我看着她走到千岁跟前,轻轻地抚摸着它柔软的毛发。突然她像是意识到什么一样,泪水顿时夺眶而出:"千岁,新买的罐头你还没来得及吃一口呢……"

"不都叫千岁了嘛……你走了,剩我一个人,我怎么办呀?"

"你不要怪我,那个针我也不想打的,但是你太难受了。我实在没办法了……"

"我知道你太疼了,可是你年纪大了,做手术就醒不过来了……"

"你放心吧,我答应过你不会忘了你的……

"我知道你很累了,知道你也不想走的,我们就休息一下……"

陆晶晶紧抱着已经没有生气的千岁，哭得语无伦次，话语间都是无助与不舍。

我也很难过，难以想象如果福宝也有这一天，我该有多痛苦。

很多人不理解，猫狗死了，扔掉不就可以了，为什么会那么难过？事实上，在这个冷漠、孤独、忙碌的时代里，它们用纯粹的爱，诠释了什么是真正的情感。

陆晶晶为千岁选择了火葬，明日进行，我们不忍目睹千岁化为灰烬的过程，默默地离开了殡葬公司。

我知道，烧成灰的，不是千岁，而是陆晶晶人生的一部分。

9.2 自我关怀的起点，是允许自己难过很久

回程的一路寂静无声，只有陆晶晶的抽泣声在车内不时响起。

抵达陆晶晶的家时，夜幕已深。作为多年的好闺密，我经常会在她家留宿。我实在不放心她这几天一个人生活，决定留下来陪伴她，共同度过这段难熬的时光。

推开门，陆晶晶如同往常一般，习惯性地呼唤："千岁啊……"

屋子里静悄悄的，没有一点声音。

我们都愣住了，随后我轻轻拍了拍她的肩膀，温柔地唤道："晶晶……"

我看着她再次陷入悲痛之中，心也跟着难过起来。

家中的每一个角落都充满了千岁的痕迹。置物架上，牵引绳静静地挂着；阳台上，玩具和小球随意散落着，那是千岁最频繁光顾的角落；小茶几上，摆放着的药品和未开封的罐头静默地排列着，透露出主人对它的悉心照料；客厅的沙发上，千岁最爱的毛毯依旧散发着它独有的气息，好像它只是暂时离开，随时就会一跃而上，用它那湿润的鼻尖触碰我们的手心；厨房里，千岁总是蹲守的角落，现在空荡荡的，没有了它期待食物的眼神。更让人心酸的是，晶晶脚上穿的那双被千岁咬得痕迹斑驳的拖鞋，是主人不在家时，千岁表达思念和不满留下的印记。

我知道这个时候，安慰的话也不会有什么作用，不如让她尽情地哭出来。安顿好她后，我就让福宝静静地陪伴在她身旁。

当我熬好粥，走进卧室叫她时，才惊讶地发现她已经烧到39度了。我急忙找出退烧药，让她服下。她无力地躺在床上，双眼依旧红肿。福宝今天或许能感知到我们的情绪，一点也不调皮，乖巧地睡在陆晶晶的枕边。

"前两天，它就一直昏睡，什么东西都吃不下，也走不动路了，眼睛就一直跟着我。我晚上都不敢睡觉，抱着它坐在地上一直和它说话。它的眼泪大颗大颗的不停地流……我也一边哭一边给它擦……"陆晶晶哽咽着，泪水如断了线的珠子，顺着脸颊滑落。

"打针之前，我抱着它说，一会儿就能睡觉了，睡着就不会痛苦了。我说我不放心别人，要亲自给它打针。它就一直望着我……"

"第一针是麻醉，它很快就倒下了。我知道下一针后，它就要走了……我是医生,我给很多宠物打过安乐针,我知道我的选择是对的,但我还是希望它能活得久一点,可是它真的太痛苦了……"陆晶晶泣不成声,诉说着内心的挣扎与无奈。

我知道,即使她是专业的宠物医生,在亲手给自己的爱宠注射安乐针后,也难以释怀那份沉痛。

我轻声安慰她:"你是专业的医生,你的决定是为了千岁不再承受痛苦。你的做法是对的。"

临睡前,陆晶晶轻声呢喃了一句,我仔细听了一下,才听清她说的是:"不知道它会不会怪我……"

我瞬间像被点了穴一样愣住,在她的床边静坐良久,直到粥已凉透,才叹息着离开卧室。

第二天,乌云密布,细雨连绵,好像天空也在为千岁的离去而哭泣。

第三天,陆晶晶的体温终于回归正常,但重感冒的余波抽干了她的力气。由于这两天哭得实在太多太厉害,原本一双圆溜溜的大眼睛,已肿得只剩下一条细缝。

我们简单地用过早餐后,便着手整理千岁的遗物。我本想让陆晶晶坐在沙发上休息,由我独自完成这项任务,然而,她坚决要亲自参与,由于她的体力还没恢复,每动几下就需要停下休息一会儿。我于心不忍,就强硬地把她按在沙发上,让她指导我进行整理。

先是收拾千岁的小衣服、小鞋子,然后是那些精美的饰品和各式小帽子。每拿起一件物品,陆晶晶都要给我讲一遍它的来历、功能、什么时候用的。

"上次去翠峰山,千岁穿的就是这件红色条纹的衣服。"她指着我手中的衣物说。

我轻轻点头，把衣服仔细地叠好："嗯，我记得。"

旋即，她的语气突然变得沉重："可惜，那是它最后一次出游了。都怪我平常工作太忙了，都没时间带它出去多玩几次……"

我沉默了片刻，轻声安慰道："你也是为了让它过上更好的生活……"

陆晶晶轻轻摇头，叹息道："可惜我没什么本事，跟着我也没过什么好日子。"

"千岁刚来到我们家时，才这么大点儿。"她用手比画着，回忆起那段时光，"我第一次养狗，什么都不懂，一有风吹草动就紧张得不行。有一次不小心踩到它的脚，它疼得直叫，把我也吓得不轻。"

我静静地听着她的诉说，开始整理千岁的日常用品和药品。

陆晶晶指着其中的一瓶药，眼中闪过一丝骄傲："千岁可聪明了。有一次它的爪子受伤了有点发炎，我带它出去散步的时候，它还能在路边草坪里找到消炎的草药吃，特别神奇。"

我微笑着点头："它一直都很聪明。"

"回想起来，那时候我年纪也小，它有时候会随处大小便，或是咬坏我的耳机、盆栽和拖鞋，让我非常恼火。但是每次我回家，看到它天真清澈的眼睛，欢快地摇着尾巴迎接我，所有的烦恼便顿时烟消云散，心里只剩下满满的幸福和疼爱了。"陆晶晶的话语中带着几分哽咽，同时轻轻地擦拭着眼角的泪水。

我感同身受地点点头："我刚开始养福宝的时候也这样。不过，养宠物就是这样，虽然有时会觉得辛苦，但更多的是快乐和陪伴。"

陆晶晶紧握着千岁的玩具,眼中流露出深深的感慨:"我总觉得自己亏欠了千岁。我可以有同学、闺密,最后还会成家立业,有爱人和孩子,但是它的世界却只有我一人,我占据了它一辈子的时间。"

我默然,因为我能体会她的心情。然而,我明白,随着时间的推移,她的内疚和自责也许会日益加重。

养一只宠物,从刚开始的新鲜到中途的疲惫,从习惯的相互磨合到彼此的陪伴,陆晶晶和千岁之间承载的是十二年的春夏秋冬。千岁,几乎是她从学生蜕变为医生的每一个重要时刻的见证者。

这时,殡葬公司的员工送来了千岁的骨灰,那个曾经活力四射的生命,如今只被安放在一个小小的陶瓷罐子里。

陆晶晶泪眼婆娑地接过这个罐子,双手颤抖地捧着它,声音低沉而哀伤:"我养了十二年的孩子,现在就剩下这么点儿了……"

我听得鼻酸,忍不住也流下泪来。

她坐在沙发上,紧紧抱着骨灰罐,沉默了许久,才抬头望向我,声音沙哑地说:"我知道,我彻底失去了千岁。"

我轻轻地为她拭去泪水安慰她:"生老病死是我们生命循环的一部分,千岁去了一个更美好的地方,汪星球上会有很多小伙伴陪着它的。"

"道理我都懂,但心里还是很难过。"陆晶晶苦笑着摇了摇头,"我可能以后都不会再养宠物了。"

哀伤处理是一个复杂而个人化的过程。每个人在面对失去所爱时，都会有不同的反应和处理方式。对于陆晶晶来说，放弃再次养宠物可能是她自我保护的一种方式，以此来避免再次经历失去的痛苦。

"生命的美好，往往伴随着失去的痛苦。"我声音轻柔地说。我把千岁的骨灰罐轻轻放在置物架上，同时把福宝轻轻抱起，放在了陆晶晶的怀里。

福宝柔软的毛发和温暖的身体在传递着一种无言的安慰的同时，也提醒着千岁的缺席。

陆晶晶抚摸着福宝，泪水再次夺眶而出。

我暗自松了口气，哭泣是一种释放情绪的健康方式，总比一直憋着好。

9.3 失宠之痛中的心理复原路径

这几天，由于担心陆晶晶的情绪，我们白天各自忙碌于工作，晚上我就回到她的家里，陪着她。

因为千岁离世的事，我和公司请了两天的假。当我回到公司时，何淼也听闻了千岁离世的消息，她的脸上写满了惊愕，轻声道："在翠峰山游玩时，千岁看起来还很精神啊。"

我详细地向她讲述了千岁患病以及参加追悼会的经过。

何淼听后，眼中闪过一丝遗憾，叹了口气说："虽然我只和千岁在翠峰山相处了一天，听到消息都觉得非常难受。陆姐姐哭得差点晕过去，我就能理解了。"

我叹息道："是啊，她哭出来，我反而放心了些。"

自从千岁离世，我叹息的次数也越发频繁。每当我想起陆晶晶在告别仪式上几近崩溃的模样，我仍感到一阵心悸。幸好我当时用了放松技术，引导她调整呼吸、放松身体，她才逐渐缓过劲儿来。

"我记得2011年12月8日，英国人迈克尔·麦卡利斯的宠物猫因为中风离世，仅仅八天后，它的主人迈克尔·麦卡利斯就因为无法承受这份悲痛，选择了服药自杀。"我告诉何淼这个真实的案例，希望她能更深刻地理解这种失宠之痛。

何淼听后，瞪大了眼睛，惊呼道："这么严重？"

我郑重地点头："每个人的情感世界都是独特的，人类的悲欢并不相通。千岁这个名字，是陆晶晶特意为它取的。它小时候体弱多病，陆晶晶希望它能健康长寿，所以起名'千岁'。"

何淼感慨地说："确实，当我们给小动物起名的那一刻，它就不再仅仅是一只宠物，彼此就有了羁绊。"

我赞同地点头，继续说："宠物能让我们自由地表达内心的情感，它们对我们的爱是纯粹的，不会因为我们的错误或缺点而减少。在和它们相处的过程中，也让我们有机会重新审视自己，学习如何成为一个更有爱心、更有同情心的人。它们为我们带来了无数治愈的瞬间，让我们在平凡的日子里，更加真切地感受这个世界的美好。"

"希望千岁在另一个星球上，也能过上幸福的生活。"何淼真挚地说。

我轻叹一口气，说："陆晶晶作为宠物医生，她深知自己的决策对千岁来说是最正确的。然而，当面对千岁的离去，面对生死相隔时，无论她之前做了多少心理准备，无论她是多么优秀的医生，都无法避免那份深切的悲痛，甚至身体、心理都会出现不适的症状。这就是宠物丧失症候群的真实写照。"

何淼若有所思地说道："或许，正是因为她作为医生，对于'穷尽一切都无能为力'的无奈和残酷有着更深刻的理解，这种认识反而让她的痛苦更加深重。"

当我听到这句话时，我恍然意识到何淼也在悄然成长，于是由衷地点头道："你说得对。她内心的自责与内疚，好像一根细刺扎在心窝。每当踏入家门，无意识地呼唤着千岁的名字时，那些曾经悉心照料千岁的日常习惯，就会一次次无情地揭开她心灵的伤口。那些习惯，更像是不绝于耳的警钟，时刻提醒着她千岁的缺席。"

何淼的脸上浮现出一抹担忧，她轻声问道："那么，该如何帮助她走出这种痛苦呢？"

我沉思片刻，而后语重心长地说："悲伤是我们对失去的爱的敬意，是一份爱的延续。希望随着时间的推移，她可以勇敢地让自己感受这份悲伤。而千岁的离世，留下了深刻的生命教诲与温馨的回忆。这些记忆，终将化作她内心力量的源泉，支撑她在未来的日子里继续前行。"

何淼听后，陷入了沉思，随后她轻轻点头，表示赞同："对于这样的变故，每个人的反应和接受程度是千差万别的，确实需要给她足够的时间和空间去疗愈这份痛苦。"

她猛然间察觉到一个重要的议题，补充道："还得注意，确保她远离那些无法理解她感受的人。他们可能会轻描淡写地说出

'仅仅是一条狗罢了'或'有必要这么在乎吗'的话，这对她来说无疑是二次伤害。她真正需要的是理解和支持，而不是冷漠的评判。"

"你说得对。我们可以为她提供一个充满温情与支持的环境，让她在周围人的共情与关怀中找到慰藉。同时，我们也应该帮助她找到新的活动，转移她的注意力，这有助于她的情感恢复。"我郑重其事地点了点头，表示赞同，转而笑着说："我已经在计划，公司可以借鉴一些先进企业的做法，如果员工的宠物离世可以申请一天的特别假期。这样的措施既尊重了员工的个人生活，也有利于员工在经历个人损失时得到适当的休息和调整。"

何淼听后，眼中闪烁着认同的光芒："这不仅是放假那么简单，还是对员工情感世界的一种关怀和支持。这样的政策，会让同事们感受到公司对他们私人生活的体贴与理解，还能增强大家的归属感和忠诚度。"

聊天结束后，我打开了陆晶晶家的远程监控，近半个月来，由于陆晶晶状态不太稳定，我们商量后决定让我在上班时能远程看到她的状况。这段时间以来，福宝也随我一起住在她家。我在手机屏幕上看着福宝悠然自得走动的身影，心里在想：对于一只五岁的猫咪来说，年龄也不小了。虽然这几年依旧活力四射，也鲜少生病，但我仍然担心它未来可能面临的健康问题。

我不敢想象，当福宝也年迈，不得不回到喵星球的那一天，我是会痛哭失声呢，还是因无法接受而默然无语？

千岁的骨灰依旧安放在家里，直到第四天，我才陪同陆晶晶来到她窗前的一棵玉兰树下。

我抱着那个小巧的骨灰罐,静立一旁。我甚至能感受到陶瓷上的余温,陆晶晶一定是抱了很久。

"千岁最喜欢这棵树了,平常可没少给它施肥浇水。"陆晶晶泪眼婆娑,边铲土,还没忘了调侃地跟我说,她的眼中却透露出一丝坚定与温柔。

我的心情正十分低落,此时被她的话逗笑了,道:"那它看到我们把它埋在这里,肯定很开心。"

陆晶晶抬头,凝望着天空中飞过的鸟儿,仿佛在追寻那逝去的身影:"也不知道它在汪星球过得好不好。"

她接过我手中的骨灰罐,轻轻地将其放入已挖好的土坑中。我们默默地站了几分钟,向那逝去的生命致敬。随后,我们一同用土把它轻轻覆盖住。

"千岁陪我度过了人生中很多的重要时刻,是我的精神慰藉。它走了以后,就剩我一个人孤零零的,都不敢回家,家里会空荡荡的。"陆晶晶叹息着,声音中充满了无尽的思念。

我深感她的悲痛,毛孩子来这个世界一程能留给我们的,除了回忆,也许只剩下手机里的照片和视频。我望向天空,那流云仿佛也在诉说着某种情感:"或许,千岁已经到了美好的汪星球,它正在那里默默地守护着你。如果你难过,它也会难过。因为,总有一天,你的悲伤,它定能感知。因为,总有一天,你们会再次相遇。"

9.4 学会告别一段特殊的亲密关系

我们注视着那块和周围土壤色泽迥异的小块土地,知道用不了多久,这里将被繁茂的杂草覆盖,融入这片大地。然而,只有我们知道,这片土地上,曾经安息着一个可爱的小生灵——千岁。

"前天,殡仪馆把千岁整个殡葬的视频发给我了。"陆晶晶的声音虽然因感冒而有些沙哑,但已不再带有哭腔,"我一直没有勇气去观看。"

我轻轻挽住她的胳膊,想要给她一点依靠,说:"因为,你还没想好,怎么和千岁告别。"

陆晶晶像是默认了我的说辞,眼中闪过一丝哀伤:"我养了十二年的宠物不在了,我这几天不管做什么都会想起它。曾经走过的花园、便利店、街道,甚至是家里的每个角落,甚至只要我一闭上眼睛,它的身影就像放电影一样在我眼前出现。"

我深吸一口气,缓缓道:"这是人之常情。对你而言,千岁不仅仅是一只宠物,还是你生活的一部分。它突然离开了,自然会让你感到难以割舍。"

陆晶晶转过头,朝我微微一笑,那笑容中带着一丝苦涩:"还是你了解我。"随后她的目光再次投向那片埋葬千岁的土地,叹息道:"有的时候,我会在心里默默喊千岁的名字,希望能得到一点回应。有的时候能在一句歌词、一篇文章里发现它的名字。我真的很想它,想再摸摸它软乎乎的毛。"她的话语中透露出深深的眷恋与不舍,苦笑着说:"我以后再也不敢养宠物了。失去这个过程太痛苦了,好像心被硬生生挖走了一块似的。"

我轻声道:"人生充满了离别与重逢。"我温和地看着她,思忖片刻说:"我有一个客户,他救助和领养过很多条狗。每当送走一条狗的时候,他都十分伤心难过,也和你一样发誓以后再也不养了。但随着时间的推移,总会出现新的际遇,他总能在这些新出现在生命中的动物身上找到以前狗狗的影子。那些相似的细节、习惯、瞬间,让他恍然觉得,那些曾经离开的狗狗并没有真正离开。而现在的狗狗,也许是早就注定要相遇的新人旧友。"

陆晶晶静静地听着,眼中闪烁着感动的光芒。

我们总以为时间是治愈一切的良药,然而,每个人的悲伤之旅都是独特的,既无预设的时间表,也无既定的路线图。关键在于,我们要给自己足够的空间,去体验、理解、愈合。宠物的离世,让我们直面生命的脆弱与宝贵,迫使我们重新审视并感悟爱、陪伴以及失去的深层含义。这不仅仅是对一个生命的告别,更是对我们内心深处那份真挚情感的触动和反思。

想到这,我灵机一动,提议道:"既然你和千岁每天都说很多话,不如你每天晚上都给它写一封信吧。就像写日记一样,把你对它的思念、喜悦、悲伤、痛苦,以及对自己的期待与不满,都写在纸上。也许等到祭祀的时候,你可以把这些信件'寄'给它。"

我的这个建议似乎正中陆晶晶下怀，她开始每天给千岁写信。两天后，我收到了她写给千岁的信：

"千岁，恭喜你圆满地完成了在地球的任务，回汪星球了。

"希望在那个充满星光的地方，只有美味的罐头，没有病痛。感谢你不嫌弃我，陪了我十二年……

"是你教会了我，怎么无私地、不求回报地去付出一份爱。

"我现在还是习惯每次开门就喊你的名字，心里总是有种期待，好像下一秒就能看到你欢喜地摇着尾巴迎接我。我还记得你每天早晨跳到床头叫我起床，现在，我只能提前定好闹铃，却再也感受不到你温暖的触碰了。

"每当我处在失落和失败的时候，你从未嘲笑或嫌弃我，总是默默地陪在我身边，给予我力量和安慰。

"你喜欢晒太阳，喜欢在阳光下伸懒腰，喜欢薰衣草，每次看到都要过去嗅嗅。你的喜欢是那么简单而纯粹，你对美好的事物总是充满好奇和欣赏。你有很多的喜欢，我都记得……

"我很怕有一天会忘记你的样子，所以每当我想你的时候，就会打开手机，一遍遍地看着你留下的视频。

"我知道，鲜花会凋谢、树木会枯死、化妆品会过期，时间可能会慢慢抚平我心中的悲痛。

"而我，会把你的爱永远珍藏在心底。

"每当我想你的时候，我会抬头仰望星空，相信在那无数闪烁的星星中，有一颗是你在注视着我，也许有一天，我们会在某个地方重逢。

"千岁，如果下辈子你还记得我，请一定再来我家玩儿。我会一直在这里，等待你的归来。"

这篇情真意切的日记，感动得我热泪盈眶，因为我透过字里行间已不再看到陆晶晶的自责和无尽的道歉。我不知道她内心是否已经完全原谅自己，至少她已经开始想要重新把握生活的节奏，试着在往前走了。

因为，只有真正地接受了千岁离开的事实，悲伤才会停止向内塌陷，才能真正开始前行。

9.5　不说再见，珍惜当下每一份情感与陪伴

半个月后的某个午后，当我和何淼在公司楼下的花园中散步时，接到了陆晶晶的电话。

她的声音中透露着淡淡的欣慰，语气轻缓。她告诉我，她在小区里偶然遇见了一位养阿拉斯加的阿姨。尽管阿姨的经济条件并不富裕，没有为狗狗提供优质的狗粮、罐头和华丽的衣物，但她对狗狗的爱意却丝毫不减，把它照顾得很好。于是，她把千岁生前未开封的狗粮以及清洁用品等悉数赠送给了那位阿姨。阿姨特别感谢她，还承诺将来如果有了小狗崽，定会送她一只。

然而，陆晶晶心中却有一丝隐忧，阿姨看上去已经上了年纪，她担心阿拉斯加长大后会不会像汪繁遛汪雪那样，不是人遛狗，而是狗在遛人了。

听到她在电话里轻快的声音，我心中的重担终于放下了。作为她的好友，我期盼着她能早日走出悲伤的阴影。

但是我知道，不会那么快。否则，悲伤就不是悲伤。

何淼在一旁静静听着我和陆晶晶的对话，她的眼神中既有感动，又有深深的感慨。她轻声说："源姐，我们的工作虽然不像医生、警察或法医那样时常面对死亡，但是，宠物的死亡，却让我们在很年轻的时候，就直面了生命的无常与脆弱。这种面对，往往还是突如其来的。"

我微微颔首："确实，死亡这一议题，在多数人心里都是禁忌。它被回避，被恐惧所笼罩。这种回避并不能消除死亡的存在，反而可能剥夺我们和生命深度对话的契机。"

何淼深以为然："哪怕偶尔思考一下也总被当作不吉利。我们还用'别胡思乱想'来阻挡那些沉重的思绪，用'呸呸呸'来消除那些不祥言语。"

我远眺天际，感慨万分："生老病死，是生命轮回的必然，是大自然的永恒法则。我们既无法逃脱，亦无法忽视。"我进一步阐释："向死而生，并不意味着我们要沉沦在恐惧里，而是要怀抱清醒与珍惜，珍惜每一个当下。它促使我们正视生命的有限，从而更加热烈地拥抱生活、体验生活，更加勇敢地追寻个人价值和意义。"

何淼重复着"活在当下"，若有所思。片刻后，她缓缓说道："过去的时间已经不属于我们，未来的时间也不属于我们，我们唯一能把握的就是现在。"何淼是个善于思考的姑娘，她的内心充满了智慧与力量。

我微笑以对，心中满是欣慰："正是如此。活在当下，意味着我们用心感受生活的每一刻，无论是欢笑还是泪水，都是生命中不可复制的部分。当我们开始真正理解并接受生命的有限性，就能更加自由地生活，更加深刻地爱，更加勇敢地面对挑战。因为我们知道，每一个当下都是宝贵的，都值得我们倾注全部的热情和努力。"

银杏树下，何淼的疑问随风飘扬，引人深思："那么，怎么才能真正地活在当下呢？"

我凝视着一片片翠绿的银杏叶，它们在微风中轻舞，就像生命的旋律一样自然而又神秘。我回答道："活在当下，是一种生命实践，它要求我们全心全意地投入每一个瞬间里，不被过往的阴影或未来的幻想所干扰。"我把目光投向何淼说："你喜欢舞蹈，当你翩翩起舞时，身体和音乐合为一体，心跳和节拍共鸣。那一刻，没有过去，没有未来，只剩下舞动的自由与纯粹的存在。这，就是活在当下的真谛。"

何淼的眼神更加明亮，她轻轻抚摸着银杏树干，仿佛在感受它沉稳的力量："大自然总能给予我们宁静和力量，让我感受到和世界的连接。"

我点头赞同："自然是生命的导师，它教会我们顺应生命的节奏。当我们置身于自然的怀抱之中，我们的存在和周围环境融为一体，心灵也会随之归于平静。"

何淼陷入沉思："我明白了，活在当下，就是和生命的节奏同频共振，无论是舞蹈还是自然的呼吸，都是我和世界对话的方式。"

我补充道："而且，活在当下也意味着勇敢地面对自己的情绪。就像陆晶晶所经历的失去，她的悲伤是深刻的，但她通过正视和感受这些情绪，开始了自我成长和疗愈的过程。我们不必逃避痛苦，而应通过理解和接纳找到前进的力量。"

在我说话之际，何淼悠然自得地倚靠在树干上，眼帘轻垂，仿佛在细品着每一次呼吸的韵律。当我的话音渐渐消散，她的双眸突然一亮，闪烁着由衷的喜悦："我感受到了，这种感觉真是太美妙了。"

她的喜悦如同透过树叶缝隙洒落的阳光，既温暖又明亮。

我微笑着回应："活在当下是上天赐予的宝贵礼物，但生命的真谛更在于我们如何为它赋予独特的意义。陆晶晶和千岁的故事，是一场关于爱、失去与怀念的深刻体验。它让我们明白，生命中的每一刻都珍贵无比，每一份关系都值得我们去全心投入。所以，我们要珍惜每一次呼吸的韵律、每一次相遇的缘分，以及每一次成长的机会。"

何淼仰望着大树，笑容如花朵般绚烂绽放："那就让花成花，让树成树。让我成为我，活出最真实的样子。"

我们的生命，就如同这棵历经沧桑的银杏树，见证了岁月的流转与季节的更替。我们赤条条地来，也将赤条条地去。但在这段旅程中，我们如何生活、如何去爱、如何面对失去，都将深刻地影响着我们生命的质量和深度。

愿我们在这纷扰复杂的世界中，都能找到属于自己的方向，以最真实、最深刻、最充满爱的方式去度过每一天。如此，当我们回首往事时，才能带着微笑说："我们曾经活出了自己的精彩，我们珍惜了每一个当下，我们以最真挚的爱拥抱了生命中的每一个存在。"

第十章

人与宠物依恋的双向影响

10.1　香芋如何悄无声息地走进她的心

深夜十一点,我洗漱完毕,给福宝添了猫粮后,便躺在床上敷着面膜,享受片刻的宁静。然而,这宁静被突如其来的手机铃声打破,福宝好像也被这突然的声响惊到,吓得从床上一跃而起。

"不怕、不怕。"我轻声安抚着福宝,目光转向屏幕,是何淼的视频电话。

我迅速接通,疑惑地问:"怎么了?"

"源姐,快来帮帮我!"电话那头,何淼的声音显得十分焦灼。

我心头一紧,立刻坐直了身子:"怎么了?"一瞬间,我脑海里已经闪过了无数个可怕的画面……

"我捡到了一只小奶猫,它好小,我不知道该怎么办。"何淼边说边将摄像头对准怀里,我清晰地看到她手中拿着奶瓶,试图给一只黑色的小猫喂奶,但小猫却挣扎着想要翻身下地。

"你把手机放在一旁稳住,我来看看。"我松了口气,仔细观察后说,"它可能才二十几天大,估计才离开母猫不久,闻不到熟悉的味道所以很害怕。你温柔点哄它，然后用毛巾包裹着慢慢喂，等它有了一定的安全感就会吃的。"

"好的，好的。"何淼一迭声答应，转身把手机放在一个稳定的位置，让我能清楚地看到她和小猫，焦急地说，"源姐，你给我指导着啊……"

我忍俊不禁地安慰她："你不用怕它，现在是它比较怕你啊。"

何淼小心翼翼地蹲下身，夹着嗓子轻声哄着小猫："咪咪，咪咪，我给你喂奶。我不会伤害你的，我把你捡回来就是为了照顾你的。放心吧，我不会伤害你的……但是你也别挠我啊……"

或许是小猫感受到了她的温柔，或许是她的真诚打动了小猫，一人一猫经过几番拉扯，装好奶的奶瓶终于塞进了小猫的嘴里。

何淼扶着奶瓶，看着小猫用小嘴努力地嘬着奶瓶，不禁长长地舒了口气，抬手擦了擦额头的汗珠。"真是太难了，我都出了一身的汗。"

我看着她别扭的喂猫姿势，不禁好奇地问："你是在哪儿捡到它的？"

"就在我们小区后门的马路边。这几天雨水多，我晚上散步的时候，忽然听到细弱的猫叫声，走过去一看，不知道是谁用纸箱装着它丢在了路边，它浑身都湿漉漉的，我就赶紧把它救起来了。回来的时候，我还去宠物商店买了奶粉和猫砂什么的。"

"你决定养它吗？"我好奇地问道，毕竟我们相识已久，我知道她是个稍有洁癖的姑娘。

"嗯，决定了。名字我都想好了，就叫香芋，取芋头的'芋'字，谐音'相遇'。既然我们相遇了，那就是缘分，养着就好了。"她微笑着说，"我看你们养得那么好，我也想试试看。"

"你可想好了，起了名字，就有了羁绊。"我提醒她。

"唉，我想是想好了，可是怕养不活它。"她略显忧虑。

我安慰她："别担心，我帮你。你忘了？我的福宝也是捡回来的，当时的情况比你这糟糕多了。"

我低头看着重新窝在我怀里的福宝，它正舒服地打着呼噜。我轻轻地抚摸着它柔软的毛发，思绪飘回到我们初次相遇的那个惨烈而难忘的场景。

那时候，我如愿考上了理想的大学，那段学习生涯充满了新奇与挑战。在陌生的环境里，和来自不同成长背景的人们交流，不仅拓宽了我的视野，也让我深刻体验到了学业压力和文化差异带来的挑战。

有一天下课后，我走在去实习公司的路上，突然，一阵虚弱的猫叫声打破了午后的宁静。它的声音微弱而颤抖，仿佛在向我诉说着它的痛苦和无助。我仔细寻找，发现声音是从路边的草坪边缘传来的。

我从小热爱小动物，对流浪的猫猫狗狗总是心生同情，经常会给它们提供食物。尽管之前因为学业压力放下了养宠物的念头，但内心深处对生命的敬畏和期待从未改变。我顺着声音在花坛的角落下的草坪上发现了一只灰白色毛相间的母猫，它正呼吸急促，发出惨痛的鸣叫声。我走近一看，发现它正在经历难产，小猫卡在产道口生死未卜，地上流着一摊血。旁边还躺着一只静静的小猫，已经没有了生命反应。我心头一惊，赶紧从旁边便利店要了一个纸箱，小心翼翼地靠近了猫妈妈。

它的眼神里充满了警惕和痛苦，我飞快地把外套脱下垫在纸箱内，把小猫小心地放进纸箱。这只猫妈妈正在经历着巨大的痛苦和煎熬，我急忙打车去找能够帮助它的宠物医院。

可是，人生地不熟的，我不知道宠物医院在哪儿。好在，跟我同住的室友是本地人，而且她养了一条狗，于是我立马向她求助。到了医院后，医生通过手术把小猫取了出来，但遗憾的是它们都没有了生命体征。

尽管心情沉重，但猫妈妈的手术顺利完成了。我小心翼翼地抱着它回到公寓，心中既兴奋又忐忑，因为这是我人生中拥有的第一只宠物。

然而，在照料一只经历难产后的猫咪时，我深感力不从心并高度紧张。为确保万无一失，我定了闹钟，晚上每隔两小时起来确认它是否进食、脖套有没有戴好。看到它安静地蜷缩在笼子里，我才回去睡觉。那段时间我的睡眠严重不足，在外求学和工作时也经常魂不守舍，忙完就飞速回家。终于，在医生和朋友们的远程指导下，它的身体逐渐恢复了健康，我为它取名福宝。

福宝的出现就像春风一样吹进了我的生活，我也顺其自然地接受了这份责任，成为它猫生旅途中的守护者。每一次它轻柔的舔舐，每一次亲昵的呼噜声，都让我感受到被需要和被爱的幸福。在它的陪伴下，我也学会了更细腻地品味生活，更珍视和生命中每个相逢者的邂逅。在照料它的过程中，我也在自我学习和成长，逐渐领悟了责任、同情与爱的真谛。

后来，我投身于心理学领域的工作。由于福宝的牵线搭桥，我陆续认识了宠物医院、救助站、宠物食品企业的朋友们。尤其是看着救助站里那些身体有残疾的动物，以及那些遭受主人虐待、被无情遗弃的动物，我都十分难过。它们纯真的眼神、无助的嘶吼，无不触动着我的内心，也让我和这些无助的小生命建立起深厚的情感，让我开始深思：人们究竟为什么选择饲养宠物呢？养宠物，又给我们的生活带来了什么影响呢？

"喂，源姐，香芋饿坏了，所有的奶都喝光了，接下来我该怎么做啊？"何淼的声音带着些许颤抖，打断了我的思绪。

视频里，何淼正焦急地拿着奶瓶，看着在地上摇摇晃晃站立的香芋，显得有些手足无措。

10.2　人宠之间的依恋关系：陪伴，是最长情的告白

这下，我确信何淼想要养香芋是真心的了，这位平日里大大咧咧的女孩，终于要有自己的小牵挂了。

我微笑着指导她："接下来，每隔两至三个小时，你需要定时给它喂奶，模仿母猫舔舐小猫的行为，帮助它排便。同时，还需要继续给它保温。先别急着洗澡，它还太小。"

"好的，我明白了。"何淼点头答应，便想伸手去抓香芋。

此刻，香芋已经不再抵抗，虽然被她顺利地抱起来，但是她神情紧张得像是捧着个定时炸弹一样。

我忍不住笑出声来:"你放松点,别太紧张了。"

"我不紧张,我是害怕。"何淼解释道,"我怕它万一跳下去摔了怎么办?它现在那么小,那么软。还是温的。"

我哭笑不得地回应:"什么话,活的,当然是温的啦。"

何淼拿着干毛巾小心翼翼地给香芋擦拭身体,猫毛变得更加蓬松,在灯光下宛如一颗毛茸茸的煤球。

我打趣道:"它应该叫煤球,而不是香芋。"

"不,香芋。听着就喜欢。"何淼看着这只毛茸茸的小家伙,满脸爱意地说,"哎呀,看着它,我感觉我的心都要被它萌化了。"

"恭喜你,正式开始你的铲屎官生涯。"我笑着为她鼓掌,同时也安抚了被惊扰的福宝。

何淼有些不可思议地说:"以前我总是不理解你们为什么那么喜欢宠物,现在我完全懂了。我都不知道拿它怎么办。我得去拿几件旧衣服给它弄个临时的窝。"

"如果你实在不知道怎么做,可以上网搜索一些视频教程来学习。毕竟,我没办法一下子出现在你家。"我笑着建议。

"等下次休假,一定要来我家帮帮我这个新手铲屎官啊!"何淼几乎是央求般嘶吼道。

我看得出她是真的紧张到不知怎么办才好,于是答应了她的请求。然而,离周末还有两个工作日,她的情况却远比我想象的要慌乱。

她上班时心不在焉,一会儿担心香芋是否饿了,一会儿又担心它独自在家是否害怕。她不停地给我看手机里拍的香芋的照片,一个劲儿地问我是否觉得它可爱。一会儿又念叨着应该从

图10

网上买一个监视器安在家里,就可以通过手机随时查看香芋的情况了。

"源姐,你刚开始养福宝的时候,是不是也这样啊?"何淼的脸上写满了新手养宠的焦虑和困惑。

我笑着摇摇头,试图安慰她:"我对几年前的事不太有印象了,但我能理解你现在的心情。如果我现在出差,肯定也会担心家里的小家伙。"

何淼点点头,似乎觉得自己找到了同类,于是中午一个半小时的休息时间,她破天荒地没有跟我一起吃午饭,而是急吼吼地回家喂猫去了。

我望着她风风火火离去的背影，心中感慨：好吧，未来猫奴大军中的一员干将。

好不容易挨到休假，我的美梦就被何淼的催促电话给打破了。我带着些许睡意，驱车前往她的家。

一踏入她的家，我就感受到了什么是手忙脚乱，什么是焦头烂额。

何淼一会儿忙着看视频学习如何照顾小猫，一会儿又提醒我冰箱里有水，可以自己拿。接着，她又开始冲奶粉，却不小心把冲好的奶粉递给了我。我们两人看着乳白色的奶瓶，都愣了一下："你这是……"

"哎呀，不好意思，不好意思。"何淼尴尬地哈哈笑起来，解释道，"哎呀，我第一次养猫，还没习惯家里有这么个小东西。生怕不小心就踩到它，坐的时候都特别小心，怕压到它。这小猫太小了，我都不知道我照顾得对不对，生怕一个不小心就送它去喵星球啊。"

我心中涌起一股暖意，笑着让她坐在沙发上休息，我则接过奶瓶去给香芋喂奶："你先歇会儿，我来喂它。看你黑眼圈都出来了，这两天一定没睡好吧？"

何淼点点头，打了个哈欠："我定了闹钟，每三个小时就起来给它喂奶、排尿。确实有点困。"

我无奈地叹口气，笑道："今晚我来照顾它。一会儿我们去宠物商店，给它买点儿日常用品。"

何淼感激地点点头："太好了，我一个人进去都是一头雾水的，也不知道要买什么，也不知道会不会被坑了。有你帮忙，我就放心多了。"

喂完小猫后，我们准备出门。

何淼在锁门前再三确认香芋是不是在窝内睡觉，在家是否安全。我不断告诉她离开这么一会儿不会有问题的，而且家里已经安装了摄像头，可以随时查看它的情况。她这才放心地锁上门，一步三回头地和我一同前往宠物商店。

在经过我几乎是一对一的专项辅导后，何淼照顾香芋的能力逐渐提升，越来越游刃有余。只是，每天又开始像新手妈妈晒娃一样，朋友圈里开始了每天的"香芋秀"。一会儿是香芋啃脚的照片，一会儿是香芋坐着看天花板的小背影，特别可爱。

三个多月的时光流转，因有了香芋的陪伴，她没有察觉自己的生活已在潜移默化中发生着改变。她开始精打细算，每月都会预留一部分资金为香芋购置物品。周末的出游计划也几乎被搁置，她更愿意宅在家中，陪伴着这位新的家庭成员。甚至，为了能在香芋需要时给予它最坚实的依靠，她也开始积极锻炼身体，以防因为生病而无法照料这个小生命。香芋的存在，让她的生活变得更加充实和有意义。

一天，我和何淼约定一起做手工。由于家中的旧衣物堆积如山，扔掉可惜，留着又占地方，于是，我们决定把这些旧衣物变废为宝，给家中的两位猫主子量身打造新衣服、新猫爬架。既环保又实用，还能让猫猫有新衣服穿。

我们坐在何淼家客厅的蒲团上，四周散落着五彩斑斓的旧衣物。阳光透过窗户洒在地面上，温暖而柔和。

福宝吃饱后，慵懒地躺在阳台上晒太阳，享受着这宁静的午后。而香芋则像个小淘气包，逮着一根木棍玩得不亦乐乎。

我计划先给福宝制作一套蕾丝花边与碎花相结合的小衣服。经过一番细致的裁剪和灵活的缝制,一件精美的猫衣逐渐成形。何淼在一旁看得啧啧称奇,不时发出赞叹之声,还不忘认真地跟着学习。

我们边做手工边聊起两只猫咪的趣事,欢声笑语充满了整个客厅。忽然,我意识到即将面临一次短暂的离别:"对了,下周需要出差五天,你做好准备哦!"

"什么?"何淼闻言一愣,随即看向香芋又转向我,焦急地问,"那香芋怎么办?它还那么小。"

我微笑着安慰她:"别担心,我已经请我妈妈来帮忙了。明天我把香芋带到我家去让它单独在一间房间,到时候把有它味道的窝和碗都带过去,让妈妈好好照顾它几天。"

何淼松了口气,点点头:"那就多谢阿姨了。幸亏不用送到寄养的地方,我怕它人生地不熟,不好好吃饭睡觉。"她说着放下手中的针线活,起身说:"我现在收拾一下香芋要用的东西。"

10.3　经历分离焦虑，共同完成自我成长

何淼已经开始准备，脸上露出焦灼的神色，念念叨叨的："小衣服，它这两天特别喜欢一个小鱼玩具，不给的话它睡不着。对了，还有它喜欢的罐头得拿两个，到了陌生的地方，它会不会害怕呀？"

"你都拿着吧。"我哭笑不得地说。

那一天，我们成功地为福宝和香芋制作了四套可爱的小衣服。

在出差前，何淼总算依依不舍地把香芋托付给了我妈妈。为了赚猫粮钱，何淼还是带着"一步三回头"的眷恋跟我一起登上了飞机。

当飞机冲破云层，她长长地叹了口气，轻声呢喃："也不知道香芋这会儿在干什么呢。"

我瞥了一眼焦虑的何淼，安慰道："放心，这个点，我妈已经给它们喂了猫粮，现在应该已经吃饱喝足了。"

然而，接下来的飞行过程中，我的耳朵就遭受了她的荼毒。

"养香芋之前，出门旅行，我可是说走就走的。现在，有了它，我真的很久没有出远门了。"

"前两天，它打了个喷嚏，我吓得以为它感冒了。观察了一整晚，发现没生病才放心。"

"源姐，你看这些照片。这张多可爱，睡觉时小脸蛋挤得像个包子似的。"

"你再看这张，团成一团的样子，是不是像个小煤球？"

"以前啊，如果茶杯被打翻了，我能暴躁一整天。现在，它把我的一杯牛奶打翻，我会想一定是我杯子没放好，挡住了它的去路。然后我就开始担心这小孩有没有被划伤，趴在地上仔细清理玻璃碴，毕竟它可不像我们一样穿着鞋。"

"源姐，你说我们回去后，它会不会不认识我了？"

从最初的安慰到附和，再到后来，我哭笑不得地看着她自言自语，时间已悄然流逝了两个小时。

看着这个从前和宠物无缘的姑娘此刻如此念念叨叨，我也不禁回想起自己曾经出差时，是不是也这么担心过福宝。

答案是肯定的，我非常担心。

在养了福宝六个月后，我就常常想，万一它以后老了，死去，我该怎么面对？一想到这些就难受得不行。所以我很理解何淼此刻的分离焦虑。

在她的世界里，香芋已不仅仅是一只猫，更是她亲密无间的生活伴侣，是她精神的寄托和情感的依赖。香芋从巴掌大被她健康养大，就像自己的孩子一样，精心照顾、喂养、打扮。这种像"子女"一样的强烈感情，在分离的时候，会让她感受到难过、痛苦甚至内疚的负面情绪。她会时常担心自己不在宠物身边的时候，它是否吃得好、睡得好，这种情感模式与父母和孩子之间的互动极为相似。而宠物的分离焦虑问题，也就在这样的情感交织中悄然产生。

与此同时，宠物在面临分离时也会出现焦虑的表现。当主人离家后，它们会对环境、位置担忧而感到恐惧，常常焦躁不安，甚至可能出现吠叫、破坏家具、暴饮暴食或食欲不振以及频繁的排尿和排便等行为。

全球宠业出海洞察揭示了一个引人注目的现象：2023年，美国最大线上宠物药店PetMeds委托OnePoll进行的调查显示，近半数的宠物主人担忧宠物的分离焦虑可能引发心理健康问题。令人惊讶的是，平均每位宠物主人在与宠物分开后仅37分钟就开始想念他们的爱宠，而在一天之中，宠物会频繁地萦绕在主人的心头，大约13次之多。当我向何淼提及这个事实时，她正抱着一个肩枕，上面印有她宠物香芋的照片。

"原来是这样啊，我每次下班回家，只要打开门就看见它正在门口伸懒腰，看了监控才知道我出门以后，它一直待在门口等我。"何淼感慨地笑道。然后她坐直身体，充满期待地看着我，"源姐，你养猫经验丰富，简直就是我在养猫路上的引路人。可以分享一下，有什么办法能缓解这种焦虑吗？"

"嘿，我可是被你赖上了。"我调侃地笑道。

"哎呀，好人做到底嘛。"何淼俏皮地递给我一块巧克力。

我笑着接过巧克力，咬了一口，随后说："首先，你得明白，香芋毕竟是动物，需要循序渐进地进行分离训练。比如，你出门时，可以温柔地跟它说'拜拜，我走啦'，然后轻轻关上门。这样，它就会逐渐习惯你的离开，不会觉得被抛弃。虽然你和它相处久了，它有时会回应你的话，但别期望它能完全理解人类的语言，那是不现实的。所以，行为训练至关重要。"

何淼认真地点点头："你说得对。"

"还要给它买很多玩具，比如猫爬架、手抓板之类的。当我们要离开家的时候,这些玩具可以消磨它的时间和体力,这种自得其乐的状态会让它们的焦虑情绪减少。"我打开手机相册,给她看我给福宝买的玩具。

何淼眼中闪烁着光芒:"我想亲手给它制作一个猫爬架。"

"可以啊,你的动手能力这么强,完全没问题。而且如果用你的旧衣服做的话,它能闻到你的气味会更安心的。"我鼓励她,"不过,除了玩具,规律的生活作息也同样重要。要尽量保持它按时休息、进食,陪它玩耍,这些都能让它感到安心和放松。当然,市面上也有宠物安抚剂、喷雾、项圈等产品,可以根据实际情况尝试给它使用。"

"源姐,"何淼突然感慨地说,"在养香芋之前,我从来没想到会这么依赖它。我可是新时代独立女青年,什么东西能绊住我去看世界的脚步啊。直到有了它,我经常就不想出门了。我觉得跟它窝在阳台晒太阳就特别舒服。虽然刚开始照顾它的时候也有苦恼,更多是想着怎么能让它活着,但是现在甚至想,万一它不在了我可怎么活啊。"

何淼轻轻耸了耸肩,带着一丝自嘲的笑容:"我现在终于理解了你们常说的那句话,'我们的世界丰富多彩,而它的世界里,只有我了'。"

10.4　看见投射在宠物身上的自己

我凝视着她那圆润的脸庞，平日里总是洋溢着乐观的微笑，仿佛世间的忧愁都被她挡在了门外。然而，我深知，在她很稚嫩的年纪里，就已失去了母爱的庇护。

我犹豫片刻，终是温柔地开口："分离焦虑，这个词往往是指婴儿和主要照护者分离时产生的焦虑不安。但你知道吗？成年人也会被分离焦虑折磨。当与亲人分离或感到被遗弃时，那种刻骨铭心的恐惧和对死亡的焦虑，如同烙印般，不会随时间的流逝就轻易淡去的。"

何淼的目光缓缓移向窗外，片刻的沉默后，她轻声说道："她是在一场突如其来的车祸中离开的，那是一个无法预料的意外，她并没有选择离我而去。"

我轻轻点头："母亲的骤然离世，对你来说无疑是心灵重创。这份伤痛所引发的分离焦虑，不会随着时间的流逝而消失。但唯有正视这份伤痛，才能被疗愈。"

何淼的眼神中闪过一抹迷茫："但是，我一直在逃避，用无尽的旅行来填补内心的空虚。"

"逃避不能解决问题。作为心理学学者，你知道这个道理。"我紧握何淼的手，语重心长地说："你的旅行，你的恋情，都是试图逃离内心伤痛的方式。但是，这种逃避，就是弗洛伊德所说心理防御机制①的'心理退行',是一种回归到更原始行为模式的防御机制,它无法帮助你直面并解决内心的冲突。真正的疗愈,源自勇敢地面对并理解自己的情感。否则,那些没解决的冲突,总会以不同的形式在你的生活中反复出现。"

何淼的脸上流露出悲伤又迷茫的神色。

我静静地凝视着她,随后以柔和的语调回应:"自从你领养香芋以来,就开始害怕它有任何闪失,所以总是给它喂你认为最有营养、最美味的食物。这种担忧背后是深沉的爱,可是,过度的保护有时更像是一种心理转移,你将那份对失去至亲的恐惧,投射到了香芋的身上。"

何淼的眼神中掠过一丝认同的神色,她轻声细语:"我确实害怕,害怕再次承受那份失去的锥心之痛。可是,我该怎么办呢?"

我认真地凝视着她,缓缓说道:"你可以先试着正视你的恐惧与焦虑,它们是你过去经历的一部分。但请记得,它们不应成为你生活的主导。尤其是在你和香芋的关系之中,你要学会把握分寸,爱是给予,但是过度的爱就会变成负担。你的恐惧和焦虑需要被自己接纳和理解,而不是通过溺爱香芋来缓解。香芋需要的,不仅仅是物质上的满足与关怀,它也需要拥有自由的空间,去探索属于它的世界。即便你将它视为家庭的一员,也应尊重它作为一只猫的天性。"

"好吧,我承认之前对香芋确实保护过度了。"何淼有些赧然地说。

---

① 心理防御机制(psychological defense mechanism),是指个体面临挫折或冲突的紧张情境时,在其内部心理活动中具有的自觉或不自觉地解脱烦恼,减轻内心不安,以恢复心理平衡与稳定的一种适应性倾向。

我笑着补充道:"你可以尝试把这份爱与关怀,转化为对香芋健康生活方式的支持。合理的膳食安排、适量的运动锻炼,这些都是你能够给予它的最好的关爱。"

"我会找到和香芋相处的平衡点。"何淼沉默片刻后,终于提出了关于她自己的问题,"那……我该怎么'养'自己呢?"她的声音中带着一丝迷茫和寻求答案的渴望。

我微笑着凝视她,以鼓励的口吻说道:"你是心理学专业的高材生,试着跳出自己的身份,想象一下,如果此刻你是一位咨询师,会怎么给来访者建议呢?"

"哈哈,是想试探我的实力吗?"何淼听后,终于绽放出了笑容,随后她清了清嗓子,深思片刻后才郑重其事地说道,"首先,我会先进行自我反思,深入了解自己的情感需求和恐惧来源。我对香芋的关怀里表现出过度的担忧和保护欲,我试图通过控制来预防再次失去,这不是解决焦虑的好方法。"

"非常中肯,"我赞许地点了点头,"请继续。"

何淼继续说道:"接下来,我会协助自己识别那些诱发分离焦虑的消极思维模式,并运用积极、健康的方法逐一瓦解它们。我需要学会区分过去和未来,理解母亲的遭遇是极端个例,而香芋也有自己的生命轨迹。"

"说得很好啊。"我微笑着给予肯定,打个手势示意她继续说。

"至于第三步,"何淼满怀自信地分享着她的专业知识,"我会采用冥想、瑜伽、练习深呼吸等减压技巧,来疏解紧张神经,帮助我提高自我意识和调节情绪。"

望着她日渐成熟与自信的模样,我心中充满了欣慰与骄傲,于是补充道:"当然,我们还要珍视并维护好亲密关系,建立起既坚固又灵活的边界,同时也不忘保持个人的自主性和独特性。"

何淼深吸了一口气,仿佛在为自己的决心蓄力:"我会尝试正面面对这一切。虽然路途或许艰难,但我愿意迈出这一步。"

我再次点头,给予她最坚定的支持:"这是一条虽然难走却值得走的道路。记住,你不是在孤军奋战。你拥有足够的力量和智慧,去直面自己的情感,去实现自我疗愈。"

飞机即将降落,我们的旅程也即将开始,正如何淼也将开启她人生新的篇章,勇敢地迈向未知的未来。

第十一章

文明养宠的规范与担当

11.1　宠物：社区冷漠的温情调和剂

"萌宠共融，共筑宠物友好社区，清新启程，助力宠物公益发展秋日主题沙龙……"

汪繁站在签到背景板前，仔细念着上面的内容，随后回头朝我露出赞许的笑容："行啊源源，你这文案可谓妙笔生花啊。记得上次沙龙结束的时候，我提议让你策划这期的主题和流程，你还一个劲儿地推托。现在看来，你果然是个深藏不露的高手啊。"他说着给我竖起了大拇指。

我看着铲屎官朋友们陆续到场签到，叹息着回应他的夸赞："那时候我确实没什么头绪。不过，也多亏了你的启发，我才有了这个灵感。"

"哦？怎么说？"汪繁好奇地望向我。

我微微一笑，回答道："前几天你非要约我出去玩飞盘，可突然下了那场大雨，你还记得吗？雨后的空气特别清新，让我突然想到了一个主题。"

汪繁的眼神中闪过一丝好奇："什么主题？"

我微笑着解释："我想到的是'清新启程'。就像雨后的世界一样,我们的主题沙龙也可以针对最近发生的事件,给大家带来关于人宠关系新的视角和启发。"

说到这里,我们两个人默契地陷入了短暂的沉默。

最近,社交媒体上关于宠物与人的矛盾的新闻层出不穷。先是"烈性犬撕咬儿童"的报道引发了公众的恐慌,后是社区保安和城管们简单粗暴处理流浪狗的方式引发了养宠人士的强烈不满。还有官方媒体记者曝光了黑猫产业的恶劣行径——"猫肉被整只烧烤售卖",在某社交平台的阅读量竟高达1.1亿多。

网络上,养宠物和不养宠物的人唇枪舌剑,极端的言论和做法如同利刃,割裂了社会的和谐。而我,正是在那场夜雨中,坚定了举办这次主题沙龙的决心。

"我想,我们这些养宠物的人,应当肩负起倡导和谐共处的责任。"我沉声说道。

汪繁点点头,赞同道:"你的想法非常有意义。今天来的'铲屎官'中,有宠物医生、教师、设计师,还有心理医生。8月26日刚好是国际爱狗日,我们可以借此机会,和大家共同商讨出一个公益活动的章程来。另外,白勤也来了。"说到这,他脸上露出了神秘兮兮的笑容:"他今天还带了新女朋友来哦。"

"真的吗?"我惊讶地看着他,随后笑道,"那真是太好了,我得去跟他打个招呼。"

说完,我暂别汪繁去寻找白勤。我近期工作十分忙碌,犹如旋转的陀螺,以至于对白勤的近况没怎么关注。没想到今天他竟然带了女友一起来,这让我颇感惊喜。

我们的沙龙选在郊外的户外咖啡厅举办,四周被绿意盎然的植物环绕,背后是青黛色的山峦,仿佛一幅天然的水墨画。

我在咖啡厅的角落发现了白勤，他怀里抱着花茶，身旁坐着一位清秀的女孩，两人正轻声交谈，不时露出甜蜜的微笑。我望着他们，心中犹豫着是否要上前打破这份宁静，担心自己一不小心成为不识趣的"电灯泡"。

没想到，白勤先发现了我，看到他热情地向我招手，我才笑着走过去。

经过他的一番介绍，我得知了女孩的名字。白勤坦然地笑道："真的要感谢你给的建议，让我受益良多。前段时间一直在看心理医生，虽然还有很多问题没有完全解决，但我已找到了问题的根源。"

我对他的坦诚和勇敢十分敬佩，回应道："人生路上，每个人都会遇到这样或那样的问题和挑战，只要勇敢面对，总能找到解决的方法。你今天能来，真是太好了，期待你能从法律的角度给我们带来精彩的分享。"

白勤欣然答应。

这时，我看到签到处的汪繁正在向我示意，于是我笑着邀请白勤和他的女友道："走吧，沙龙要开始了。"

我们三人说笑着步入主场地，只见一片白色的遮阳伞下，欧式风格的布置显得别具一格。十几个人围坐在一起，有的带着可爱的猫咪，有的牵着活泼的狗狗，还有的带着兔子、鹦鹉、蜥蜴等小动物，十分热闹。

汪繁作为俱乐部的主理人致辞后，我便接过话筒开始这次的主持人工作。

我站起身向每个到场的朋友问候一番后，便直入主题："鉴于最近人宠冲突的新闻屡见不鲜，我特地把本次沙龙的议题定为

图11

'萌宠共融，共筑宠物友好社区，清新启程，助力宠物公益发展'。我们今天在这里相聚，可以一起探讨如何构建和发展一个真正的宠物友好社区，大家可以畅所欲言。"

喜欢发言的司童欣率先举手，道："首先，我认为源源制定的主题非常好，非常值得多次讨论。我对建立宠物友好社区深有感触。就拿我养的靓仔来说，你们也知道它是什么神奇物种了。"

她养的是一只德牧，在俱乐部里是出了名的活泼好动。所以，她的话音刚落，大家就心照不宣地笑起来。

司童欣继续说："我住的社区里大部分的业主是工薪阶层，大家平日里忙着工作、生活，很少有什么交集。自从我养了靓仔以后，每当我带它出门散步，都能收获非常多的欢笑。它的社交能力实在是太强了，不管是快递小哥、退休的大爷大妈、物业管理人员还是小卖部老板，都非常喜欢它，甚至经常获得小卖部老板的火腿肠投喂。要是遇到进了小区的陌生人，它那个耳朵灵的哟，来回转个不停，警惕性不是一般地高。不到一个月的时间，它就成了我们小区的'大明星'，谁见了都要跟它打招呼。因为它这个'社牛'，让我在社区里认识了很多朋友。"

她说着，轻轻揪了揪靓仔身上的蕾丝衣物，笑着说："看，这是我们邻居送的，我查了一下，比我买的还要贵！"

紧接着，朱希亮这位资深动保志愿者说："我跟你差不多，我每次带果小兔出门散步时，总有很多小朋友围过来摸它，我就趁机教他们如何爱护小动物。他们的家长也很喜欢果小兔，经常给我送胡萝卜和新鲜菜叶。现在，我在社区里有个响亮的称号——'兔子叔叔'。"

他举着两只手在耳朵两侧比了个兔耳朵的姿势，滑稽的姿势逗得大家哈哈大笑。

"我们带货主播经常出差，有时候我就把黑妞送到邻居家寄养几天。黑妞像通人性一样嘴甜又聪明，特别会哄人开心。我今天要是带着它来，咱们这沙龙就别想开，就听它一个人……不是，一个鹦鹉在说话了。"贝妙妙笑起来眉眼弯弯，像能融化冬天的冰雪一样，谁也想不到她曾经是个深度容貌焦虑的姑娘。

天上的白云在蓝天的映衬下悠然自得地飘浮着，草地上我们的讨论气氛越发热烈，桌上的曲奇、薯条和水果也在不知不觉中减少。

我适时地站出来总结，并引出新的讨论话题："宠物的出现打破了社区冷漠的社交氛围，成了连接人与人之间的桥梁。我相信大家能在社区里获得这么多的喜爱和尊重,都是你们和宝贝日积月累真心相待换来的。但是,我们也必须正视一个现实问题,那就是,的确有人不能妥善管理自己的宠物。"

我继续补充说:"很多城市的公共活动空间是禁止宠物进入的,养宠物的人面临着活动场地匮乏的问题。当宠物在公共场所出现扰乱秩序的情况时,市民对人宠共用公共空间的情况就会反感和抗拒。所以,我们在追求人宠和谐共生的同时,必须始终遵守文明养宠的原则。"

11.2 倡导文明养宠,担当尽责的"铲屎官"

汪繁微笑着站起身,快人快语地说:"我们这些热爱宠物的人,就应该承担起'铲屎官'的责任。8月26日恰好是国际爱狗日,我计划以俱乐部的名义,在社区内开展公益宣传活动。现在养宠物的人越来越多了,我们有必要倡导文明养宠的理念。要让铲屎官们知道养宠物不仅仅是为它们提供舒适的生活环境,还要教育宠物遵守社区规则,避免给他人带来困扰。"

我接过话茬:"我们会制作精美的宣传单,把文明养宠的要点一一罗列上去。"

朱希亮轻抚着温驯地躺在腿上的果小兔,率先开口:"我认为,外出遛狗时一定要使用牵引带,甚至尽可能给它们戴上嘴套,这样不仅能避免它们因为乱跑乱窜撞倒人或者遭遇车祸,还能防止它们误食有害物。还有一点非常重要，我在救助流浪狗的过程中发现，不论狗狗的体形大小，它们大多没有恶意，却有着天生的警觉性。所以，在路上遇见老人和孩子的时候，最好主动和他们保持安全距离。"

司童欣十分严肃地点点头，说："确实，上次新闻里说的就是大型犬撕咬儿童的事件。从那以后，我经常在班级里和我的学生们强调，让他们不要随意去触摸别人的宠物狗。而且，我每次遛靓仔的时候都会特别留意路人，主动避让。如果发现有人靠近，我会立刻拉紧牵引带，甚至选择绕道。"

白勤郑重其事地说："饲养宠物，就必须严格遵守相关的法律法规，办理必要的手续，这不仅是对他人的保护，更是对宠物的保护，因为主人不尽责引起的伤人事件，势必会引起更多人对于宠物的敌意和不满。绝不能带大型犬和烈性犬进入公共场所。因为一旦宠物给他人造成了伤害，主人就必须承担相应的经济赔偿和法律责任。"

自从千岁走了以后，陆晶晶很长时间都没来参加沙龙，怕触景生情。但是，当我告诉她本次沙龙的主题时，她还是调整情绪来参加了。"出门遛宠物的时候，一定要随身带着垃圾袋，方便及时清理宠物的排泄物。特别是在社区公共区域、走廊等地方，排泄物不仅会产生异味，还可能滋生细菌，影响公共卫生。所以，我们必须时刻保持警惕，确保环境整洁。"

"我认为，一定要对宠物进行正确的行为训练。我居住的社区附近有一家三甲医院，经常有上夜班的医护人员需要在白天休息补觉。为了不影响他们的正常生活，我特意调整了宠物的作息时间和行为习惯，确保它们不会在生活区狂吠。我认为应该体谅他人的感受，避免给他人带来不必要的困扰。"发言的是新加入俱乐部的宠物行为训练师程浩，专业人士发言，立刻得到很多人认同。

司童欣十分赞同地点头道："没错，还有乘坐电梯时一定要管理好宠物。毕竟，有的人可能害怕狗狗，有的人会对猫毛过敏。所以，在乘坐电梯时，应尽量约束好自家的宠物，如果发现对方有所顾虑，就搭乘下一部电梯再走。"

段经义一到会场就从我手里抢过福宝，抱在怀里简直爱不释手。此刻他带着一丝愤慨，好像思考了很久，才终于坚定地发言："虽然我是云养猫，总觉得没有太多发言权，但是我还是要强调，绝对不可以虐待动物，因为受伤的不只是动物本身，那些虐待视频还会严重地影响青少年的身心健康和行为规范，引发养宠人士的不满，造成社会割裂。宠物也拥有尊严。"

他的话语让在座所有人深感共鸣。我这个主持人也忍不住说："经义说得太重要了。很多人把养宠物当作流行、时尚来跟随，却根本没想到要承担养它的所有责任。在我们的生活中，或许会有形形色色的人出现，但在宠物的世界里，我们却是它的唯一。所以，我们要让他们充分地认识到，在决定养宠物之前要考虑宠物的到来会占据他们一部分时间，他们需要掌握基本的护理知识，进行社交训练，悉心照料。不能虐待，更不要随意遗弃宠物。就算有不得已的原因没办法养了，也请务必为它找一个值得信赖的新主人。"

朱希亮家的果小兔因为贪吃青草，不经意间拉在了他裤子上，好在颗粒状的"印记"很好清理。他在大家的笑声中清理完后，才说："我们家豆豆就是别人送来的。那天，我女儿正在院子里修剪花草，有一个老阿婆抱着一只小狗在门口徘徊了很久，才鼓起勇气走进院子，她问我女儿愿不愿意收养她的小狗。那个阿婆说，豆豆是她买的，但是因家事繁忙没办法继续照顾了。她见我们家的宠物被养得很好，就想把狗送给我们。我们家当时已经有一条狗、两只猫，实在没打算再添新宠物。那个阿婆一直央求我女儿，哭得一把鼻涕一把泪，最后跟豆豆说给它找了个好人家，然后趁我女儿不注意，放下狗就跑了。我女儿当时都愣住了，回过神来才赶紧去追，可是那个婆婆已经走远了。就这么着，豆豆成了我们家的一员。"

朱希亮的故事几乎触动了每个人的心弦，大家纷纷呼吁一定要把"不要遗弃宠物"这一条写在宣传页上。

陆晶晶提的意见都和医疗卫生有关："我这个资深的宠物医生，有两点重要建议。首先，要及时给宠物进行绝育手术，这不仅是对宠物负责，也是对社会环境的贡献。其次，每年定期给宠物注射疫苗、进行常规体检。宠物的某些疾病是具有传染性的，给宠物接种疫苗不但能提升宠物的抵抗力，还能有效预防传染性疾病。关爱宠物健康，也是关爱我们自身的健康。"

根据《中华人民共和国动物防疫法》第十七条规定："饲养动物的单位和个人应当履行动物疫病强制免疫义务，按照强制免疫计划和技术规范，对动物实施免疫接种，并按照国家有关规定建立免疫档案、加施畜禽标识，保证可追溯。"白勤再次强调了法规的约束力。

11.3　勤打疫苗，防范人畜共患病

贝妙妙几乎要鼓掌了，她激动地说："打疫苗可太重要了。"

对于养猫养狗的人来说，这个话题早已耳熟能详，所以不等陆晶晶回答，他们便纷纷向贝妙妙解释起来。

一直做观众的段经义先开口了，说："因为小猫小狗在出生的时候，会从母乳中获得一种叫作'母源抗体'的保护层，这些抗体能帮助它们抵御病毒，但是这些抗体会在幼崽断奶后消失，所以小猫要在8周龄左右开始接种疫苗，小狗是在7周龄左右开始接种。对于这些小猫小狗来说，打疫苗可以预防犬瘟热、猫瘟这些致死率较高的疾病。"

贝妙妙听得十分认真，了然地点点头，旋即又反应过来，疑惑地问："你不是没养猫吗？"

段经义非常不服气地反驳道："可不要小看我们这些'云养猫'的爱好者，我们掌握的养宠物知识，绝不亚于真正的养猫人。"

大家都饶有兴趣地观望着两个人的争论。

我笑着插话："我这个养猫人可以证明经义说的是对的。那些威胁犬猫健康的传染病，比如犬瘟热、犬细小病毒病、猫瘟、钩体病以及狂犬病等，都是不容忽视的。记得我妈妈带回家的那只小奶猫在8周大的时候打了第一针疫苗，这能帮助它的免疫系

统认识病毒。接着在12周和16周时分别接种了第二针和加强针。一年后,还打了一针加强针,确保它的健康。"

汪繁补充道:"狂犬病是一种烈性、人畜共患的传染病。我国部分地区是狂犬病高发区,所以狂犬疫苗是每个养狗人必须接种的。"他对汪雪的付出是俱乐部每个人都知道的,甚至把自己的姓也冠给了它。

"确实如此,"陆晶晶接过话,"疫苗又分为核心疫苗和非核心疫苗两种。核心疫苗主要针对那些严重威胁生命的全球暴发性传染病,是宠物健康的重要保障。非核心疫苗则可根据当地多发的传染病、多宠物家庭、宠物经常外出或接触其他动物等实际情况选择性地接种。"

贝妙妙睁着一双大眼睛,听得十分认真。

陆晶晶喝了一口咖啡继续说:"而且,从医学角度来看,所有哺乳动物都有可能携带狂犬病毒,如果被犬、猫、老鼠等疑似感染的动物咬伤,一定要尽快接种狂犬疫苗进行预防。如果是比较严重的伤口,还需要注射狂犬病免疫球蛋白。"

朱希亮轻轻咬了一口曲奇,悠然说道:"我觉得,打疫苗还是个省钱的妙招。一旦宠物身体健康了,那我们花在医疗上的费用自然就大大减少了。毕竟,现在宠物医药的开销也不低,如果宠物不幸得了重病,那治疗之路真是既漫长又昂贵,花费更是难以估量。"他微微侧目,带着几分狡黠看向陆晶晶。身为动保志愿者,他深知宠物救济所的经济压力,每个人都理解他说这句话的初衷。

陆晶晶看着他的表情忍俊不禁地回应道:"你的观点确实很中肯。但是疫苗也不是什么时候都能打的,如果宠物在接种疫苗前一周内生病了，那就得暂缓。疫苗毕竟带着弱毒性，如果宠物在不健康的状态下接种，非但无法产生保护效果，还可能适得其反。"

司童欣回想起自家宠物打疫苗的情况，说："我家靓仔打完疫苗后，确实还有些呕吐、腹泻、食欲不振的症状。我按照医生的建议给它进行调理，喂它益生菌，还准备了营养丰富、口感更好的食物，尽快缓解它的肠道问题。"

汪繁听着大家的讨论热血沸腾，兴奋地说："牵狗绳、办狗证、打疫苗、清理狗粪……这些关键信息一定要详细写在宣传页上。"

我看着精神越来越活跃的陆晶晶，脑海中灵光一闪，凑近汪繁，轻声耳语几句。

汪繁听后，恍然大悟，迅速调整思路，道："虽然大家对宠物打疫苗的重要性已有共识了，但是仍有很多人对这个事置若罔闻。我们可以专门制作一个宣传页，进行深入的科普教育。这部分内容我想请晶晶女士来完成。"他笑嘻嘻地看向陆晶晶。

陆晶晶对于公共卫生宣传一直非常积极，也知道宣传的重要性，于是点头同意。见她如此爽快地答应，我的内心也喜不自胜。我理解她失去宠物的痛楚，希望通过这次宣传活动，能够让她重新融入人群，和更多人建立联系。

汪繁接着强调："我们必须不厌其烦地进行宣传，努力影响身边的人。遇到不文明的养宠行为时，我们应避免直接冲突，要晓之以理，动之以情。"

然而，白勤却在此刻紧锁眉头，沉思道："我在想，现有的动物保护法律法规虽然还有待完善，但我认为，我们可以在这次宣传中适当加入一些法律常识,让大家更加明确自身的责任和义务。"

11.4 文明养宠法规的深思

"这个主意真是棒极了!"朱希亮激动地拍手称赞,"你们都知道,我向来对国家大事非常关切。尤其是每年的'两会',我几乎每天都要看新闻。就在2019年的'两会'上,全国政协委员郭长刚提出的'呼吁我国立法保护伴侣动物'的提案让我印象非常深刻。他的主张是把家犬定义为'伴侣动物',用来区别于'财产性'动物。我当时听后,内心深受触动。"

"是啊,我记得,你当时还把那则新闻分享给我了。"汪繁频频点头回忆道。

"他强调,家犬并不仅仅是一般意义上的动物、牲畜或者财产,而是承载了人类深厚情感依托的生灵。对我们这些普通人而言,家犬是主人的忠实伙伴,更是家中的一员。对于军人、警察、救援人员来说,军犬、警犬、搜救犬相当于他们的家人、亲密战友、同事。现在宠物保险、宠物食品玩具、宠物美容、宠物寄养等服务就像是雨后春笋一样涌现出来,但是关于宠物保护的法律法规依然需要进一步完善。国外在这方面就有很多值得我们借鉴的经验。"朱希亮口若悬河地说完,看向我,问道:"源源,我记得你是在新加坡留学的吧,能给我们分享一下他们那里的养宠规定吗？"

我欣然点头说："当然。我留学的时候室友就是新加坡人，她养了一只萨摩耶，照顾得无微不至。我从她那里了解到，在新加坡，饲养宠物需要先获得饲养许可证。不论是领养还是购买宠物，都需在宠物许可系统中进行登记，完成宠物所有权转移后才能获得饲养许可证。而且，许可证到期后还需要及时更新。有任何变更，也需在系统中及时更新，否则就会面临最高5000新元的罚款。2008年，新加坡的农粮兽医局还发布规定，要求宠物犬必须植入电子芯片，芯片里存储了主人和宠物的相关信息，大大降低了宠物走失的风险。"

司童欣眉头紧锁地思考着说："确实，许多国家在养宠物方面都有登记和植入电子芯片的要求，比如德国、法国和西班牙，等等。而且，德国在领养宠物方面的审核非常严格，相关机构还会对申请人的领养动机和基本条件等进行严格审核，还会对饲养人进行回访。"她说完继续看向我，问："新加坡还有哪些值得借鉴的规定吗？"

我努力回忆着当初了解到的细节，说："大家都知道，新加坡的国土面积有限，如果是养狗的话就一定会有居住条件、管理和照料方面的要求。有一个规定我很想强调，如果宠物主虐待宠物，会面临法律的严惩。一旦虐待行为被认定，施虐者将面临最高1.5万新元的罚款或长达18个月的监禁，或者两者并罚。如果不是初犯，罚款将高达3万新元，监禁时间也将延长至3年，或两者并罚。"

陆晶晶补充道："去年我去泰国旅游的时候，也留意到那边的情况。泰国在2018年对《防止虐待与动物福利法》提出修订草案时，增加了宠物注册、宠物主人义务和虐待动物处罚等条例，这也是一个值得关注的例子。"

汪繁思索着看向白勤，问道："我们国家对于虐待动物有明确的法律规定吗？我怎么记得虐待动物的相关法律条款已经提上了立法日程呢？"

白勤点头回应："目前相关的法律条款还在论证阶段。专家组正在考虑在《刑法》第六章'妨害社会管理秩序罪'的第一节'扰乱公共秩序罪'中，增设'虐待动物罪''传播虐待动物影像罪''遗弃动物罪'等专项法条。在现行法律下，如果虐待动物并导致死亡的，通常是按照'故意毁坏财物罪'进行处罚的。如果故意毁坏公私财物数额较大或有严重情节的，可判处三年以下有期徒刑、拘役或者罚金。"

贝妙妙站起来边做双臂的舒展拉伸动作，边补充道："我姑姑家的表姐在法国留学，她告诉我，在法国如果遗弃宠物，对宠物'不尽喂食责任和缺乏适当照顾的'，会被追究法律责任。遗弃动物的人可处最高三年有期徒刑，罚款4.5万欧元。"

白勤接着说："这个规定好。我们国家在《民法典》中规定，对于'遗弃、逃逸的动物在遗弃、逃逸期间造成他人损害的，由动物原饲养人或者管理人承担侵权责任'，起到了很好的警示作用。"

大家纷纷点头表示认同。

我进一步分享道："新加坡对宠物侵扰公共环境的行为也有明确的罚款制度。如果宠物出现过度吠叫、骚扰路人、随地便溺等行为，饲养者将会受到罚款处罚。我记得法国在这方面的罚款金额至少是35欧元。"

朱希亮调侃道："对养宠物的人来说，罚款确实是一个有效的约束手段。"

司童欣好奇地问道："我之前看过一些数据，现在我国城镇养犬数量已经达到五千多万只。我想知道国外对攻击性较强的大型犬有哪些饲养规定？"

贝妙妙努力回忆着说："我表姐说，法国是把大型犬分为攻击犬和防卫犬两大类。在饲养这类犬之前，需要先进行界定。如果申请领养这类犬，除了需要获得居住地市政府颁发的许可证之外，在外出时，还必须给狗拴上牵引绳、戴上嘴套，由成年人牵引。如果它们对其他人或宠物构成安全威胁，政府会要求提前采取防范措施。不遵守要求的宠物主将会面临6个月的监禁和高达1.5万欧元的罚款。"

"这个惩罚确实相当严厉。"段经义感叹道。

白勤在专业领域也展现出了严谨的态度，说："我们国家的《民法典》也明确规定了禁止饲养烈性犬等法律法规禁止的危险动物，动物饲养人或者管理人应当承担相应的侵权责任。我特意查过一些资料，在法律制定方面，英国做得是相对完善的，他们有《动物福利法》《危险犬类法》《动物寄养场所法》《犬只繁殖法》等多部法律来规范动物的饲养和管理。"

我笑着说："每个国家都会根据自己的国情来制定法律法规，而我们国家也在持续进步。对于依法养犬、文明养犬，很多地方已经出台了多项相关规定。"

白勤点头赞同道："条例还明确规定了用牵引绳、戴嘴套、佩戴犬牌等细节。"

司童欣感慨道："如果能汲取各国宠物保护法的精华，结合我们的国情，探索出一套适合我们的宠物保护法律体系，不仅可以保障宠物的权益，更能约束主人的行为。"

白勤继续介绍："事实上，在《民法典》中，我们也对养宠物提出了明确要求，强调要遵纪守法、尊重社会公德，不得妨碍他人。比如，第一千二百四十五条和第一千二百四十六条明确规定，饲养的动物若造成他人损害，饲养人或管理人应承担侵权责任。如果损害是由被侵权人的故意或重大过失造成的，饲养人或管理人的责任可以减轻或免除。同时，如果未对动物采取安全措施导致他人受损害，饲养人或管理人同样要承担侵权责任。"

"现在，国内很多城市都在积极倡导宠物友好理念。"汪繁接过话茬，分享道，"我去年带汪雪去上海的外滩金融中心，那里联合商户推出了《宠物友好须知》地图，明确划分了宠物可以进入和活动的区域，还对宠物装备、公区游玩注意事项、商户宠物接待等细节做了详细规范。"

朱希亮点头补充道："对，还有北京丰台右安门街道的永乐社区，他们把小区原配电室的600平方米空地改造成了宠物乐园，设置了标识醒目的小房子和小盒子，方便养宠人清理宠物粪便。这些措施就在创建一个对宠物友好的社区。"

白勤微笑着说："虽然我的能力有限，但我非常愿意为大家提供长期的、免费的动物保护法律咨询。期待我们的动物保护立法能够早日完善，为我们的精神伴侣提供更加坚实的法律保障。"

白勤的话赢得了在场所有人的热烈掌声和感谢，她的女朋友虽然一直是观望的状态，但此刻却十分爱慕地看着自己的男友。

这一天的沙龙活动取得了圆满成功，不仅讨论了深刻的内容，还凝聚了大家对文明养宠的共识，这让我感到非常欣慰和感动。

宠物是人类心灵的治愈者，这一年8月26日"国际爱狗日"的公益宣传活动也因为这一天的深入讨论而取得了显著成效。我相信，通过我们的共同努力，一定能够营造一个和谐、文明的人宠生活环境。

第十二章

爱宠同行者的深度对话

12.1　守护生命的动物保护志愿者

我在一次盛夏的救助基地义工活动中遇见了李同学,他是一位真诚善良又不善言辞的宠物救助者。尽管那是他第一次参与义工活动,但他的紧张情绪很快被对遭遗弃、虐待过的动物的关注所取代。那个下午,他只是埋头搬运狗粮、清理狗舍。他不仅参与日常的救助活动,还积极投身于动物治疗工作。他的行动,是对生命尊严的坚守,也是对社会责任的担当。还有密阿姨,也是一位非常热心的流浪动物救助者。以下是我与他们之间的深入对话,让我们一同走进他们的内心世界,聆听他们对宠物救助的执着与热爱,以及对宠物与人类情感联系的独到见解。

我:两位,一位是正值青春年华的大二学生,另一位则是气质温和的家庭女性,是什么样的特别缘分,促使你们开始关爱流浪动物呢?

李同学:我是自幼就特别喜欢小动物,家里也养着宠物,这么多年来,它们就和我的家人一样。而且,在我迈入大学校园之前,我就在小区里默默照顾那些无家可归的猫咪和狗狗,给它们送去食物和水。每当有空余的时间，我还会到"爱之家"动物救助基地去做志愿者，给动物们打扫卫生、做饭、辅助做绝育等。我的家人都特别支持我做这件事。现在，在浙江外国语学院的校园里，我依然坚持着这个习惯，经常给流浪的小动物送食物，我感觉这已经是我的一份责任了。

密阿姨：我的故事就比较简单，是我女儿给我的建议。她成家立业以后，一直担心我一个人在家里会感到寂寞，就提议我尝试去照顾小区里的流浪猫狗。我想到家里也有几只曾是流浪猫的小家伙，便欣然接受了这一提议。于是，每晚九点左右，我就会带着猫粮、狗粮等，在小区偏僻安静的角落给它们送食物。

刚开始，这些流浪的小动物对我充满了戒备，不愿轻易接近。但随着时间的推移，或许是因为我身上沾染了"猫的气息"，它们逐渐对我敞开了心扉。每当我下楼呼唤，它们便会欢快地跑来，有的甚至还会主动露出肚皮，邀请我抚摸。那一刻，我的心被满满的幸福与成就感所充盈。

我：在你们做这件事的时候，有没有遭遇过误解或质疑呢？

密阿姨：确实，这样的经历挺多的。有的人嘲笑我，认为我连自己都照顾不好，还谈什么照顾动物。还有的人，指责说，"就是因为你们这些人经常喂这些畜生，它们才活得这么好，要是你们不喂它们，它们早就死绝了"。这些言论曾经让我既愤怒又难过，但是我选择保持沉默，我只是做好我自己的事：给它们做绝育和尽量找到负责任的领养人。

但是，让我感到愤慨的是，有好多次我精心放置的猫粮，在我仅离开一个小时后，就被人打翻在地。我百思不得其解，为什么有人会这么对待这些无辜的生命？我特意选择小区的偏僻角落喂食流浪动物，力求不干扰到他人的生活，却还是遭遇这样的事。我还是呼吁大家多一些同情心，不要这么做。

李同学：可能是因为我身处校园，这里的学生普遍对小动物十分喜欢。除了我之外，还有许多同学也会自发地加入喂养行列，我们共同努力，确保这些小动物在不影响他人学习和生活的前提下，能够得以温饱。所以，整个环境都是积极向上的氛围。

我：那你们是否遇到过虐待宠物的现象呢？

李同学：我个人虽然没有亲眼见过，但是我一直关注"大学生虐猫"事件的新闻报道，这让我深感忧虑。我在刷社交软件的时候注意到，有些女生在社交媒体上塑造着爱猫形象，却利用这一身份作为掩护，暗中领养幼猫进行虐杀。她们的行为令人发指，不仅拍摄虐杀视频在多个群组中传播，还把血腥照片发布在社交平台上，却以找领养或自己救助为幌子，继续伪装自己。更有甚者，她们加入各种毒猫交流群及领养救助群，寻找新的受害者，并观察被丢弃的小猫是否有人发现并救治。这种行为，无疑是对生命的极端漠视与践踏。

我认为，面对学业压力，我们理应寻找更为健康、积极的方式来释放情绪。通过虐待比自己弱小的生命来寻求解脱，不仅是对自己懦弱性格的暴露，更是对生命尊严的践踏。我们应当正视压力，学会用正确的方法去缓解与疏导压力。

密阿姨：我就亲身经历过这样一件事，让人十分痛心。就是在我们的小区里，让我震惊的是——虐待动物的是一位年仅十二岁左右的小女孩。她当时正无情地拎起小猫，肆意摔打，当我试图阻止她时，她的脸上写满了不悦与抗拒。更令我寒心的是，当我把这件事告诉她的母亲的时候，这种现象并没有得到应有的谴责和纠正，我只是目睹了一场母亲对孩子不问缘由的粗暴打骂。

那一刻，我心里特别难过，既为无辜受难的小猫感到痛心，也为那个在错误家庭教育下成长的孩子感到悲哀。我意识到，她或许正是因为在家庭中缺乏足够的关爱与引导，内心积压了太多的负面情绪与压力，才选择了这样一种极端的方式来宣泄与释放。

我：社会上，总有一些声音试图淡化虐待动物的严重性，甚至为施虐者辩护，尤其是那些对孩子虐待动物行为视而不见甚至推波助澜的家长。但是经过科学研究，虐待动物往往是精神健康问题的前兆，它的背后隐藏着对弱者的控制和对虐待快感的追求。

那么，在我们的救助工作中，应该倡导一些积极的想法，你们怎么想呢？

李同学：我始终坚信，公众的关注和支持是救助工作得以持续发展的关键。纯公益的道路固然令人敬佩，但若能巧妙地结合商业运营模式，或许能为这些无辜的生命带来更加稳定与温馨的庇护所。同时，这样的模式也能为救助者带来正向的反馈与激励，促进救助事业的可持续发展。

密阿姨：我投身于流浪猫狗的救助工作，虽然身体会感到疲惫，但每当看到那些曾经奄奄一息的小生命在我的努力下重新焕发生机、活蹦乱跳时，那份由衷的喜悦和满足就足以让我忘掉一切辛劳。我知道，不是所有人都能理解我们的选择和坚持，但我始终怀抱希望，愿每个人都能以一颗温柔的心去对待这些无辜的生命，至少做到不伤害它们。

12.2　一个用爱去创造生命奇迹的宠物医生

第一次和肖医生见面是在一个阳光明媚的午后，我带着一只流浪小猫走进了他的诊所。这只小猫瘦弱而肚子异常肿大，肖医生在做了我指定的检查后，不仅免费为它做了B超检查，更是用无尽的耐心和温柔对待它。从那以后，每当我的宠物需要帮助时，都会选择他的诊所。在和肖医生的相处过程中，我深刻感受到了他对宠物的深切关爱，以及宠物对人类心灵所带来的温暖与治愈，他是一位对生命充满尊重和温柔的宠物医生。以下是我和肖医生的对话，让我们一起对宠物医治以及虐宠现象进行深刻反思。

我从小就对小动物十分喜欢，小时候家里就养着宠物，可能也是这份喜爱，驱使我在大学时选择了去四川农业大学学习农学专业。但是，那时的专业课程更多地聚焦于大型动物如牛、羊、马等的治疗工作。转折点出现在2012年，我在攻读研究生期间，经常看到一位四五十岁的大姐抱着猫、狗来到学校的宠物医院为它们做绝育手术。

有一次，刚好是我在做实验，大姐抱着一只猫来到医院治疗。我看到那只猫病得挺严重的，能不能救活是一个未知数。但是大姐说只要尽力救治就好，不论什么结果她都能接受。于是，我决定留下那只猫给它做治疗。后来我知道了，这只宠物其实是因为病情太严重被主人放弃治疗了，而大姐是宠物救助站的负责人。于是，她把这只宠物接了过来，并且带到了医院。

自那以后，每到周末或者没有课的空余时间，当有的同学沉浸在游戏世界或者球场、图书馆时，我就骑着电动车穿越城市与山林，前往救助站帮忙打扫卫生，义务为那里的猫、狗进行绝育手术。救助站位于偏远的山区，每次前往都需耗费不少时间。站内猫狗众多，有五六百只，如果不及时做绝育，它们的数量将迅速膨胀。对我来说，这既是学习的一种方式，也是一种挑战。

但是，我的志愿者之路并不是一帆风顺的。救助站的猫狗有的患有口炎，有的身患肿瘤，有的遍体鳞伤，各种疾病接踵而至。其中一次，我为一只很大的阿拉斯加犬进行结扎手术时，遭遇了前所未有的挑战。它的肠道异常脆弱，我不得不小心翼翼地切除坏死部分并进行结扎。但就在我剪断部分肠道的那一刻，鲜血就像失控的水龙头一样喷出来。那一刻，我的心跳加速，但本能驱使我迅速拿起纱布，奋力按压止血。幸运的是，我的老师及时赶到，和我一同奋战了半个多小时，终于把这场危机化解。几个月后，这只狗狗也终于康复了。这次经历，无疑是我救助生涯中最惊心动魄的一次。

这些宝贵的经历，如同磨刀石一般，磨砺了我的医术与心性，为我日后成为一名优秀的宠物医生奠定了坚实的基础。工作之余，我还积极响应政府号召，参与各类动物保护工作。2022年，我们团队接到了一项艰巨的任务——前往300多公里外的救助站，为那里的流浪狗进行健康检测。

踏入救助站的那一刻，我被眼前的景象震撼。一百五十多只流浪狗，它们或蜷缩一角，或四处徘徊，眼神中满是无助与渴望。现场十分脏乱，到处都是狗。我们的首要任务是为重点关注的流浪狗进行健康检测，确认疫苗接种情况及是否存在狂犬病隐患，为后续领养宣传奠定基础。团队中，四位医生两两搭档，穿着防护服迅速投入紧张的采血工作中。

在采血的过程中，这些流浪狗展现出了截然不同的态度，有的温驯像羊，任由摆布；有的则如临大敌，一有风吹草动便狂吠不止，试图以此捍卫自己的领地。面对这样的挑战，我们不得不利用现有条件，小心翼翼地控制住它们，以确保采血的顺利进行。但是，在那种情况下，七八位爱狗人士的出现打破了原有的工作状态。他们对我们的工作方式表示强烈不满，指责我们手法粗暴，可能会伤害到这些无辜的生命。我们知道，如果不使用足够的力度，就无法有效控制狗狗，进而无法完成采样工作，甚至可能危及自身安全。有时，为了确保结果的准确性，我们不得不进行重复采样。

这些爱狗人士的激烈反应逐渐升级，他们从言语攻击到威胁恐吓，甚至跟踪我们的车辆，记录我们的车牌号码，扬言要把我们曝光于网络之上，要"人肉"我们，并投诉到相关部门。我们身上也因为他们的围攻弄得都是狗屁屁，两天工作结束后，脚上的鞋都不能穿了，于是就在当地买了新鞋。整个过程非常惊心动魄，但是我们圆满完成了任务，感觉非常开心。作为同样热爱宠物的我来说，能够深切体会到他们那份对动物的关爱与担忧，但我也认为，以极端方式表达情感并非明智之举，理性沟通才是解决问题的关键。

在多年的宠物医生生涯中，我见证了无数宠物的悲欢离合。

其中，一次特别的救助经历至今仍让我难以忘怀。那是一位年约四旬的女士，她抱着一只奄奄一息的萨摩耶来到医院。那只狗瘦弱不堪，浑身伤痕，四肢无法站立，只有头部尚能微微动弹。经过仔细检查，我发现它的腰部及四肢均遭受了钝器重击的严重伤害。原来，这只萨摩耶是女士从某个直播平台上解救下来的。那些主播以虐待动物为噱头吸引粉丝关注，而爱心人士则通过购买受虐动物来阻止这一行为。为了解救这只萨摩耶，她花费了数千元。

经过两个多月的精心治疗与护理，这只萨摩耶终于重新站了起来，但是，它的健康状况却再也无法恢复到从前的状态，只能勉强达到八至九成。这起事件让我既愤怒又痛心。我无法理解那些以虐待动物为乐的人的心态，更不明白为何社交平台会允许此类内容的存在。动物是我们的朋友，它们虽无法言语，却同样拥有感受痛苦与快乐的权利。我们可以选择保持距离，但绝不能虐待它们。

在过去的十几年里，作为宠物医生，我们接待了无数宠物。有的宠主会拖欠治疗费，还有治疗到一半跑路不给钱的。最无奈的还是宠物主人的不信任。宠物主人的心态各异，有的开放包容，有的就有点偏激。他们往往认为，只要在医院接受治疗并支付了费用，宠物就必须被完全治愈。作为医生，我们自然倾尽全力救治每一只宠物，但我们也必须尊重生命的自然规律——有些疾病只能缓解，而无法根治。

有一次，一位老客户带着他的爱犬来到医院。经过仔细检查，我们发现这只狗狗患有先天性髌骨错位，这是一种严重的骨骼畸形，需要通过手术进行干预。在手术前，我们和客户进行了深入的沟通，明确告知手术的成功率较低，在10%至20%之间，而且术后需要严格限制狗狗的活动，在医院中静养三个月才能逐渐恢复正常行动。如果客户不愿接受这一治疗方案，我们也愿意为他推荐最优秀的骨科专家。然而，这位客户最终还是选择信任我们，并同意进行手术。

手术过程非常顺利，狗狗的恢复情况也超出了我们的预期。但是，在术后一个月的时候，客户就急于将狗狗接回家中照顾。他认为家里的环境更舒适，饮食也更丰富。尽管我们百般劝阻，强调按医嘱照顾的重要性，但最终还是没能说服他。不幸的是，狗狗在回家的第二天就从沙发上跳下，导致病情复发，无法行走。这意味着手术可能需要重新进行。

面对这一突如其来的变故，客户感到十分愤怒和失望，认为我们欺骗了他。他甚至在社交平台上发布信息，指责我们的医生，并呼吁网友"避雷"。面对客户的指责和误解，我们深感无奈和痛心。我们多次尝试与客户沟通解释，但似乎都无法消除他的疑虑和愤怒。

更令我们担忧的是，客户并没有在最佳时机内为狗狗重新安排手术，而是选择了向动检所投诉我们。随着事态的升级，我们还收到了法院的传票。直到两个月后，狗狗才终于接受了第二次手术。这一事件让我们深刻意识到，许多宠物主人在面对宠物治疗时存在偏颇的想法和过高的期望。当现实无法满足他们的期望时，他们往往会选择采取过激的行为来表达不满和愤怒。

刚开始当宠物医生时，每救助一个宠物就会有一份成就感，但随着时光流转，遭遇不信任的情况逐渐增多，心中难免生出几分无奈。如今，我们的工作重心已经悄然转变，说服和沟通工作占据了八至九成，而直接的治疗工作则缩减至一至两成。而且宠物医生休息的时间很少，除了担心宠物病情之外，宠物主们会加我们的微信，不分昼夜，不论是工作日还是休息日，我们都可能接到咨询电话。对他们来说可能是闲聊，但对我们来说却是工作。

还有一个显著的变化是，现代宠物主和宠物之间的关系，已远远超越了简单的饲养与被饲养的关系，它们更像是家人般相互陪伴。我们曾遇到一位客户，他的狗养到了二十岁，这在狗界已是高寿。它已经失去了听觉和视觉，但它的主人却给予它无微不至的关怀，定时喂食，就像照顾婴儿一样仔细，这份深厚的情感，已然升华为一种心灵的寄托和相互陪伴了。

说到这里，宠物离世这个沉重话题也是不可回避的。作为医生，我们时常会直面宠物主提出为宠物实施安乐死的请求。诚然，对于某些身患重疾、每日饱受煎熬的宠物而言，安乐死或许是一种解脱。然而，遗憾的是，并非所有提出这个要求的宠物主都怀揣着同样的悲悯之心。有的或许仅仅因宠物年迈，行为失控，如随地便溺，就心生厌弃，转而求助于我们。这样的决定，显然是不负责任的。

在此，我想强调的是，选择为宠物实施安乐死，是宠物主的一项沉重责任。而宠物，作为无法言说的生命，它们在这场抉择中毫无选择权。因此，我恳请每一位宠物主，在决定将宠物带回家之前，务必深思熟虑。宠物的确能给我们的生活带来无尽的欢乐和治愈，但它们同样也会深刻地影响我们的生活方式。我们应当以理智和责任感来对待这份承诺，避免一时冲动，而后又轻易放弃。

当那一天终将到来，宠物离我们而去，愿我们都能以平和的心态接受这一自然法则。它们已前往属于它们的星球，继续着它们的旅程。而我们所能做的，就是铭记那些共同度过的美好时光，将爱与怀念深埋心底。

12.3 在生命与废墟之间，她为万千动物托起希望

我是在网络上首次接触到陈运莲阿姨的故事，她的名字如同她那默默播散的善意，温暖而充满力量。当我亲自站在救助基地，亲眼目睹她如何为这近7000只动物倾尽心血，就被那份超越常人的坚持与爱所深深震动。陈阿姨不仅用双手治愈了无数宠物受伤的躯体与心灵，更在5·12汶川地震中，以非凡的勇气和决心挽救了数百条小生命。她和这些无声的朋友之间的缘分以及近乎创造生命奇迹的救援经历，让我深刻认识到生命之间相互依存与关爱的力量。让我们通过她的故事一同感受那份超越言语的生命力量。

在1994年，我已经住进了跃层住宅，享受着万元级别的床垫和漂亮的地毯，生活过得轻松又惬意。但是，随着时间的推移，家里的宠物狗逐渐增多，那些漂亮的地毯也就此退出了我的生活舞台。

1996年3月，我救下生命中的第一条狗，我的生活轨迹也由

此开始改变。那天，我外出签订合同，在路边偶遇了这条小狗。我们四目相对，它的眼神是那么真挚、纯净，好像能直接穿透人心一样。那一刻，我的心瞬间被软化了，我不由自主地轻声对它说："狗狗，跟我回家吧，跟我回家吧。"

但它只是那么眼巴巴地看着我，好像听不懂我的话。我不禁苦笑，心想："你咋这么笨呢？"于是，我给它取名叫"笨笨"。

尽管我试图引诱它跟我走，但它只是对着我笑了笑，却一动也不动。我忽然意识到它要么生病了，要么腿脚有问题。我小心翼翼地把它抱起，没想到它的头一歪，就贴在了我的胸口，整个身体都紧紧依偎着我。我能感受到它身上的温热和那份对人类的无条件信任与依赖。

那一刻，我的内心被深深地震撼了，那种感动与心疼交织在一起，让我久久不能平复。

我迅速把它送到医院，但医生的话却让我如遭晴天霹雳，他说："老妹儿，不用治了，这是犬瘟，治不好的。"

但是，我不愿意就这么放弃它，它刚刚用那么信任而真挚的眼睛看着我，已经在我心里深埋下了一颗名为"生命"的种子。我不能就这么算了，并且我坚信，只要我不放弃，就一定会有奇迹发生。而多年后我才明白，就是这颗种子，深刻地改变了我的人生轨迹。

于是，我毅然决然地把它带回家里，开始自学治疗犬瘟的知识。我四处询问、查阅资料，学习如何应对狗狗发热、腹泻等症状。在无数个日夜的努力下，笨笨终于奇迹般地康复了，它陪伴我整整17年。

1999年的时候我们家里的猫狗总数已不知不觉突破了100只。

尽管当时家庭经济状况尚属宽裕，但我们还是保持着朴素的生活作风。有一次，我去菜市场打算捡拾些鱼骨残骸煮给家里的猫咪吃。正当我忙碌的时候，一阵持续的咳嗽打断了我的行动。一位女士的声音从我背后传来，说："你咳嗽的话，可以煮鱼胆吃啊，很有效。"

我虽然心存疑虑，但是也不免想尝试一下。于是，我转身想询问那个女士，但是我却看到了一幕让人心酸的场景，一位商贩正在给一条很小的鱼刮鱼鳞，那条微小的鱼在他手下痛苦挣扎着。我于心不忍，连忙上前制止："你别刮了，它太小了，把它卖给我吧。"

最终，我用一块钱的价格买下了这条小鱼，然后在家附近的河流中放生了它。让人惊奇的是，它并没有急于游走，而是头冲着我轻浮水面，等了一会儿才游走了。

回到家里，我按照那位女士的建议，尝试着把乌棒鱼苦胆煮了吃。但是，这一行为却迅速引发了我的身体不适，很快就头晕目眩，全身冰冷，痛苦不堪。我勉强拨通儿子的电话，只来得及说出"我遭了……"就失去了意识。

危急关头，家里的数十条狗狗迅速围拢过来，它们用爪子轻轻刨动我的身体，用温热的舌头舔舐我的嘴巴，让我把鱼胆水吐了出来。不久，我儿子赶到并把我送到医院。医生在检查后震惊地表示："在我三十年的职业生涯里，凡是吃了鱼苦胆中毒的患者，全都死了。如果你没有及时吐出鱼胆水，毒素一旦侵蚀其他器官，就怎么也救不活了。"那一刻，我就知道，是这些忠诚的伙伴，用它们的智慧与勇气，救了我的命啊！

经过一段时间的治疗和休养，我的病情逐渐好转，并被转入普通病房。然而，我的心却早已飞向了那个充满猫狗欢声笑语的家。每当我提出回家照顾猫狗的请求时，医护人员总是严厉地警告我："你知道这个病有多严重吗？是命重要还是你的猫狗重要？"而我总是坚定地回答："都重要！"

在那段艰难的日子里，我做了一个奇异的梦。梦里，那条被我救下的鱼儿缓缓游来，它的眼中闪烁着感激的光芒，说："谢谢你，我回报你的恩情。"说完，它便悠然游向远方。这样的场景，或许正是科学所无法完全解释的生命奇迹。

我深信，动物和人类之间存在某种微妙的心灵感应。它们不仅是我们生活中的伴侣，更是我们心灵的慰藉，互有默契。在我的家里，无论是床上还是房间各个角落，都挤满了这些可爱的小生命。其中，有一条名叫白雪的狗尤为特别。每晚睡前，它都会依偎在我的身旁，用那双充满期待的眼睛望着我，每天睡前必须听我给它讲白雪公主的故事。每当我讲到一半时，它总会用前爪轻轻刨动我的手臂，示意我继续讲下去。而当故事结束时，它会把小脑袋靠在我的肩膀上，歪着头睡去。

记得有一次，我因为有急事出门比较匆忙，忘记和白雪打招呼。等我回到家里时，发现它竟在房间里留下了不满的"印记"，在房间里拉了屁屁和尿。我假装生气地喊道："白雪！"

它听到声音跑出来，眼睛滴溜溜地看着我，很是心虚和不安。然而，当我看到它那无辜的眼神时，所有的怒气都烟消云散了。从此以后，每当我出门前都会特意向它解释："今天我要去开会，那个地方不能带你去，你要乖乖待在家里哦。"

每当我这样做了，回到家以后就会发现家里干干净净的。这些聪明的小家伙不仅有着自己的情绪世界，更能够深刻理解我们的心意与需求。

2008年汶川地震发生以后，我毅然决然地带领着几个志愿者，踏入了那片废墟之中。很多人都在争分夺秒地挽救人类生命，我的目光却紧紧锁在了那些无助的猫狗身上。它们蜷缩在残垣断壁之下，眼里满是惊恐和绝望。但是，奇怪的是，每当我一靠近，它们就好像看到了希望一样，发出一阵阵哀鸣，好像在向我求救。于是，我们几个志愿者相互配合着，穿梭于生死之间，将它们一一救出，运回基地，细心疗伤。在那些拉满警戒线的危险地带，不断有人朝我们吼着："危险！快回来！要命不要命！有余震啊！快点走！"但是，我的心里已被那些渴望生存的眼神所占据，只想快点救出它们。最终，我们成功挽救了三百余只狗以及数十只猫咪的生命。而那场救援，也让我在尘土和呼喊中患上了咽炎。

其实，有一幕场景，至今想起来都非常难受，让我一直不能平静。有一只拉布拉多，它用充满求生欲望的眼睛紧紧盯着我，但是当时车上已经没有位置了，相关人员喊我们快走，会有余震。尽管我心如刀绞，却不得不忍痛割舍，只能给它留下一碗狗粮和清水。

其实，有无数次，我们在生与死的边缘徘徊，前脚刚把一个小生命从死神手中夺回，后脚就见证了废墟的轰然倒塌。特别是在汶川的那次经历，至今仍让我心有余悸。当我把一只狗狗紧紧抱在怀里，正要撤退的时候，防盗门就"哐"地砸在我脚前。一步之遥啊！我和死神擦肩而过。那一刻，我特别感慨，老天开恩，让我带走了它们。我深感是命运的眷顾，让我有幸成为这些小生命的守护者。

从那以后，我和猫狗之间似乎建立了一种奇妙的联系。每当我外出，总会遇到猫狗，好像有某种感应一样。如果是坐车途中偶遇，我也会毫不犹豫地让司机停车走回去查看。

我的基地已经辗转搬了四次，猫狗的数量日益增多。最初是几万的农家小院，后来花几十万租了十多亩地的空间，一直到现在这里已是一百多亩地的基地。刚来的时候，这里就是荒山，后来我就花了三十多万开垦荒山，又花了五百多万建筑起这个爱心基地，每件事都是我亲力亲为，倾尽心血。有时候，听到哪里有猫狗，半夜我都要去把它们救助回来。

这些年，我们救助站接收了很多被遗弃的猫狗，背后的故事都是纷繁复杂的。不少人因为一时的怜悯把它们捡起来，随后又因为各种麻烦而选择放弃，把它们送到爱之家。在此，我恳请大家，在决定领养之前务必深思熟虑，养宠物是要拥有一份长远的责任心的。因为，你的一个决定，将彻底改变它们的命运轨迹，而这份责任，需要您持之以恒地承担。我只想脚踏实地地在救助基地上耕耘，用行动诠释爱和责任，没有时间去炒作什么。毕竟，对于这些小生命而言，每一次虚假的炒作都是对它们的不公。所以，我更愿意把每一分每一秒都倾注在实实在在的救助工作上，让它们感受到最真挚的关怀。

我就住在救助基地几块大区域的交会处，每天凌晨三点起来，穿梭在各个区域之间，给予每一只宠物及时的关爱与呵护。

这几年，我在和非法猫狗贩卖行为的斗争中，见证了太多的泪水与痛苦。那些被囚禁在狭小空间中的无辜生命，它们对生的渴望、对死的恐惧，以及那绝望中仍不失期待的眼神，如同烙印一般深深刻印在我的心中。

特别是那次长达两个月的跟踪行动,当我亲眼目睹那些无辜的猫咪被残忍地装入袋子,再沉入冰冷的水缸中窒息而亡时,我的心被深深刺痛。那一刻,它们奋力挣扎的身影、睁大鼓出的双眼,仿佛在无声地控诉着这世间的不公与冷漠。然而,正是这些惨痛的记忆,更加坚定了我们打击非法贩卖、守护生命的决心。

结　语

宠物与爱：编织生命的温暖与智慧

随着书页的轻轻翻动，我们一起走过了一段段由宠物陪伴的心灵之旅。在这段温馨的旅程中，我们不仅深刻体会到了宠物对人类身心健康的无价贡献，还见证了爱的力量是如何穿越时空，成为我们生命中那抹不可或缺的亮色。

爱，这个既简单又复杂的字眼，在宠物的世界里得到了最为纯粹的诠释。这些沉默的伙伴，用它们那纯真无瑕的爱，悄然无声地教会了我们如何去感知、去领悟、去珍视。它们的存在，不仅仅是简单的陪伴，更像是一剂温柔的治愈良药、一股强大的力量，引领着我们在喧嚣和压力中寻觅到一份平静和安宁。

从心理学的视角审视，宠物的陪伴无疑是润泽心灵的甘露。它们以温柔如水的目光和亲密无间的举动，展现出无条件的爱与忠诚，为我们筑起了一道坚实的心理防线，有效地缓解了心理压力，抚平了情感的创伤。在宠物的陪伴下，我们在抑郁症的阴霾中渐渐看到了曙光，在焦虑的困境中逐渐找到安宁的港湾。它们教会了我们如何与自己和解，如何在得失之间找到内心的平衡，如何在生活的重压下保持一颗宁静和谐的心，更在彼此的交流中编织出温暖和信任的纽带。

而从生理学的角度来看，宠物更是我们健康生活的得力助手。它们鼓励我们走出家门，投身于户外活动，不仅强健了体魄，改善了心血管功能，还提升了我们的睡眠质量，为繁忙的生活增添了必要的休憩与恢复的时间，让我们的生活因此而更加丰富多彩。

在社会学的广阔视野中，宠物成为文明的纽带，促进了社会的和谐与共融。它们不仅打破人际壁垒，还是社区中不可或缺的温情催化剂，为冷漠的现代都市添上一抹温馨与活力。宠物的护理和养护，不仅是个人情感的寄托，更是我们作为社会公民责任与担当的生动体现，它们以无声的方式，引领我们学会尊重每一个生命，传递关爱，携手构建一个更加文明与和谐的生存空间。

然而，爱，不仅仅是内心的触动与感受，更在于付诸实践的行动与承诺。当我们决定让一只宠物成为家庭的一员时，也便郑重地接过了呵护它成长、保障它幸福的责任。这份细水长流的责任，滋养了我们的耐心与爱心，让我们在日复一日的关怀中，逐渐领悟了生命的价值与意义。

因此，让我们携手以爱为舟，以宠物为帆，共同驶向那个更加和谐、健康、爱意洋溢的世界。在这个五彩斑斓的星球上，每一份生命的存在都是宇宙间不可多得的奇迹，值得被尊重；每一份爱的传递都是点亮世界的光芒，值得被传递。愿这本书能成为你和宠物之间爱的信使，激发你内心最深处的柔情与力量，共同书写属于你们的美好篇章。

让我们并肩前行，在为宠物创造美好未来的道路上不懈努力，同时也在这片充满爱的旅程中，为自己的心灵寻得一片宁静与安详的净土。

附录一：不可不知的宠物冷知识

1. 狗的忠诚：探秘其生物学与心理学的奥秘

在人类社会的广阔舞台上，狗被誉为"人类最好的朋友"，这种忠诚的朋友以无条件的爱和坚定的陪伴赢得了人类的信任和尊重。然而，狗的忠诚并不是无缘无故的，其背后蕴含着深厚的生物学与心理学原理。

①生物学基础：本能与演化的交织。

追溯至远古，狗的忠诚根植于其祖先——狼的群居本能。在那广袤无垠的荒野上，狼群有严格的等级制度和紧密的群体联系，它们相互依赖，共同狩猎，分享食物，共同抵御外界的威胁。这种群居的团结协作精神，在漫长的演化过程中，被狗所继承并转化为对人类的忠诚。

狗的驯化是一个漫长的过程。大约在3.3万年前，人类与狗结下了不解之缘。在这场漫长的共生之旅中，那些更容易亲近人类、更易于驯化的狗更有可能生存下来，并将这份忠诚的基因代代相传。这种自然选择的过程强化了狗对人类的依赖和忠诚。

②心理学视角：情感与认知的交响。

心理学为我们揭示了狗忠诚的另一面。狗，拥有高度发达的社会认知能力。它们能够敏锐地洞察人类的情感世界，解读我们的每一个细微表情、声音和动作,来感知我们的情绪。

狗的忠诚,更是情感联系的深刻体现。它们与人类之间建立起深厚的情感,超越了简单的条件反射。当狗感受到人类的爱与关怀时,它们会毫不犹豫地以忠诚和信任作为最真挚的回应。

此外,狗的忠诚还与其内在的奖励系统紧密相连。每当它们展现出忠诚的行为,如守护家园、服从命令时,便会从人类那里获得丰厚的奖励——不仅有美味的食物、还有温暖的抚摸。这种正向的激励机制,如同催化剂一般,激发了狗忠诚行为的不断涌现。

③现代社会的忠诚赞歌。

步入现代社会,狗的忠诚行为已经超越了生存的本能需求,成为一种文化现象和精神的象征。无论是在繁忙的街道上引领盲人前行的导盲犬,还是在灾难现场勇敢搜救的搜救犬,抑或在医院里默默陪伴病人的治疗犬,它们都以无私的奉献和坚定的忠诚帮助着我们。

2. 狗狗的超感官世界:气味中的情绪与健康密码

在人类复杂的感官世界中,气味常常被忽略,但对于狗来说,气味是它们与世界沟通的桥梁。狗的嗅觉能力是人类的数十甚至数百倍,它们能够通过气味来识别人类的情绪状态,甚至在某些情况下,能够嗅出特定的健康问题。

①情绪状态的无形信号。

情绪状态会影响人体的化学反应,从而改变我们皮肤上的汗液成分。研究表明,狗能够通过这些细微的化学变化来识别人类的情绪。例如,当一个人感到压力或恐惧时,体内的皮质醇水平会升高,这种激素的变化会通过汗液释放出来,狗能够敏锐地捕捉到这些气味信号。

②疾病的早期预警。

更令人惊奇的是，狗的嗅觉敏感度足以识别某些疾病特有的化学标记。已有研究显示，狗能够通过气味检测出癌症、低血糖甚至帕金森病等。这些病症在早期阶段会改变身体的化学组成，释放出特定的挥发性有机化合物（VOCs），而狗能够识别这些微妙的气味变化。

③狗的嗅觉在医疗领域的潜力。

狗的这种能力已经被应用于医疗领域。通过训练，医疗侦测犬能够以极高的准确率识别特定的疾病。这些犬经过专业训练，能够检测出肺癌、乳腺癌和前列腺癌等癌症的气味，为早期诊断提供了一种非侵入性的方法。

④社交与情感支持。

除了医疗侦测，狗的嗅觉也在日常生活中发挥着重要作用。狗能够通过气味来识别主人的情绪变化，并给予相应的情感支持。例如，当主人感到悲伤或焦虑时，狗可能会通过靠近、舔舐或拥抱来提供安慰。

3. 猫的超凡能力

猫，这种既优雅又神秘的生物，自古以来便以其独特的技能闻名于世。它们不仅是家中的温馨伴侣，更是自然界的隐形高手，掌握着一系列令人叹为观止的"超能力"。

①夜行高手。

猫在夜间的视觉能力远超人类。它们的瞳孔能够扩张到极大，收集更多的光线，而且视网膜上的视杆细胞也比人类多，这些细胞对光线极为敏感，使猫在微光条件下也能清晰地看到物体。此外，猫眼中有一层叫作"tapetum lucidum"的反光膜，可以反射通过视网膜的光线，增强夜间视觉。

②平衡大师。

猫的平衡感和敏捷性也是它们超能力的一部分。它们的内耳含有一种叫作"前庭"的结构，对平衡和空间定位起着关键作用。猫的这种能力让它们能够在高速奔跑或跳跃时做出精确的调整，即使从高处跌落也能迅速调整身体，安全着陆。

③柔韧之躯。

猫的身体异常柔软，这得益于它们灵活的脊椎和没有锁骨的结构。这种身体结构使猫能够挤进狭小的空间，或是在复杂的地形中灵活穿行。它们的关节和肌肉也允许它们做出各种灵活的动作，这在捕猎或避险时至关重要。

④自我疗愈。

猫还拥有令人印象深刻的自我疗愈能力。它们能够通过舔舐伤口来清洁和消毒，猫的唾液中含有一种抗菌物质，有助于伤口愈合。而当猫咪在休息时会采取一种叫作"蜷缩"的姿势，这种姿势有助于它们保持体温，促进身体恢复。

⑤沟通无声。

猫的沟通能力同样非凡。它们不仅能通过各种不同的"喵喵"叫声来表达自己的需求和情绪，还能通过身体语言来传递信息。猫的尾巴、耳朵、眼睛和胡须的微妙变化，都能向其他猫或人类传达复杂的信息。

4. 解读优雅猎手的非言语沟通艺术

猫拥有一套复杂而微妙的肢体语言，这不仅帮助它们在野外生存，也是它们与人类沟通的重要方式。了解它们的肢体语言，就像是掌握了一门古老的密语，让我们能够更深入地理解这些猫咪的内心世界。

①情绪的指示器。

猫的尾巴是其情绪状态的直接反映。当尾巴竖直向上，顶端微微弯曲时，通常表示猫处于好奇和友好的状态。相反，如果尾巴蓬松且毛发竖立，这可能意味着猫感到害怕或受到威胁。快速摆动的尾巴往往是不耐烦或即将发起攻击的信号。

②兴趣风向标。

猫耳朵的位置和形状同样传递着重要的信息。耳朵向前竖立通常表示猫对某事物感兴趣或正在倾听。而耳朵向后平贴头部，可能表示猫感到害怕或紧张。耳朵的轻微转动，则是猫在试图捕捉周围声音的迹象。

③猫心的窗户。

猫的眼睛不仅在夜晚闪耀着神秘的光芒，它们的眼神和瞳孔的变化也透露着猫的情感。瞳孔放大可能表示猫感到好奇或警惕，而瞳孔收缩则可能意味着猫处于放松状态。

④防御or邀请。

猫的身体姿势都在传达某种信息。当猫拱起背部，毛发竖立时，通常是一种防御姿态，表明猫感到不安或准备自卫。而当猫在地上打滚，露出腹部时，这通常是一种信任和放松的表现，它们在邀请你进行亲昵的互动。

⑤胡须动态。

猫的胡须不仅仅是用来测量空间的工具，它们的微妙动作也能反映猫的情绪。当胡须向前伸展时，猫可能正处于精神高度集中的状态，而当胡须紧贴面部时，可能是猫在尝试避免引起注意

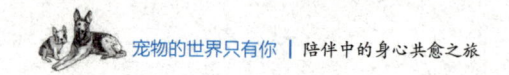

或表示顺从。

5. 独立猎手背后的群体心理

猫常以其独立性而闻名。然而，这种看似独立的生物实际上拥有复杂的社交需求和行为模式，它们的社交面纱下隐藏着丰富的群体心理。

①独立性背后的进化印记。

猫的独立性是其进化过程形成的自然结果。作为小型捕食者，猫的祖先需要独自狩猎以避免引起猎物的警觉。这种独立性在现代家猫中依然有所体现，它们倾向于自主探索和解决问题。

②社交需求和人猫间的特别联系。

尽管猫表现出独立性，但它们同样具有社交需求。猫能够识别并与特定的人类或其他猫建立情感联系。这种社交行为不仅满足了它们对安全和舒适的需求，还有助于它们的心理健康和情感发展。与人类的关系是猫社交需求的一个重要方面。猫能够与主人建立深厚的情感，它们通过亲昵的行为，如摩擦、舔舐和发出特有的咕噜声，来表达信任和依赖，这种情感交流对猫的幸福感至关重要。

③互动方式。

了解猫的社交需求对于它们的行为训练至关重要。通过适当的引导和环境设置，可以帮助猫更好地适应社交环境，减少压力和焦虑。例如，为猫提供垂直空间以满足它们的攀爬需求，或通过游戏和互动来加强与人类的联系。下次当你的猫选择在你旁边安静地休息，或是用它的头轻轻蹭你时，不妨思考一下这背后的社交意义。

附录二：心理健康资源推荐

在快节奏的现代生活中，心理健康的重要性日益凸显。它不仅是我们生活质量提升的基石，更是我们面对生活风雨时不可或缺的盾牌。本附录精心编纂，旨在为每一位读者铺设一条通往心灵宁静与强大的道路，提供一系列精心筛选的心理健康资源，确保在心灵的旅途中，您总能找到那份温暖的指引与坚实的支撑。

1. 心理健康的智慧宝库：专业书籍精选

了解心理健康的基本知识是维护自身心理健康的第一步。以下是一些被广泛推荐且评价较高的心理健康书籍，不仅适合专业人士，也适合对心理学感兴趣的大众读者。这些书籍涵盖了心理学的多个领域，包括自我认知、情绪管理、人际关系等。

①《心理学与生活》，理查德·格里格、菲利普·津巴多著。这本书是斯坦福大学使用的教材，通俗易懂，深入生活，把心理学理论知识和人们的日常生活、工作联系起来，是大众了解心理学和自己的经典读物。

②《自控力》，凯利·麦格尼格尔著。这本书提供了自控力的清晰框架，讲述了自控力如何发生作用以及为何如此重要，书中吸收了心理学、神经学和经济学等学科的最新洞见。

③《我们内心的冲突》，卡伦·霍妮著。这本书深刻剖析了

内心冲突的根源,并提供了自我疗愈化解焦虑、解决冲突的切实办法。

④《乌合之众》,古斯塔夫·勒庞著。作为群体心理学的奠基之作,此书深刻影响了众多学者和政治人物,探讨了群体心理的特点及其对社会发展的影响。

⑤《红书》,荣格著。此书为荣格亲笔所写、亲手所绘,记录了他个人的梦境、灵魔与精神追寻历程,为理解荣格的分析心理学理论提供了重要视角。

⑥《心流》,米哈里·契克森米哈赖著。此书系统阐述了心流理论,帮助人们了解如何在日常生活、工作、人际关系等方面进入心流状态,提升幸福感和效率。

⑦《人性的弱点》,戴尔·卡耐基著。这本书通过深入探讨人性,提供了实用的人际关系技巧,帮助人们认识自己、改造自己,从而获得成功。

⑧《亲密关系》,罗兰·米勒、丹尼尔·珀尔曼著。作者综合了心理学多个分支的研究理论和成果,总结了人们在亲密关系中的行为特点和规律。

⑨《自卑与超越》,阿尔弗雷德·阿德勒著。此书是个体心理学的奠基之作,阿德勒在书中深入分析了自卑感及其对个人成长的影响,还提出了通过正确理解生活、职业和社会来实现个人超越的方法。

⑩《社会心理学》,戴维·迈尔斯著。这本书是社会心理学领域的经典教材,全面介绍了社会心理学的基本概念和研究,不仅探讨了个体如何与社会互动,还分析了社会因素如何影响个体的行为和心理过程。

⑪《改变心理学的40项研究》，罗杰·霍克著。此书精选了心理学领域具有里程碑意义的40项研究，不仅详细介绍了这些研究的背景、方法和结果，还探讨了它们的科学意义和实际应用。第七版新增了两项研究，更新了"近期应用"部分，使读者能够了解这些经典研究如何继续影响现代心理学的发展。

2. 常见心理疾病的早期症状

了解心理疾病的早期症状有助于及早识别问题并寻求专业帮助。以下是一些常见心理疾病的早期迹象：

①抑郁症：情绪持续低落，兴趣减退，感到绝望或无力，睡眠和食欲改变。

②焦虑症：过度担忧、紧张，恐慌发作，心悸或呼吸急促。

③睡眠障碍：如失眠或嗜睡，影响日常功能和生活质量。

④精神分裂症：妄想、幻觉、思维紊乱，社交障碍。

⑤双相情感障碍：情绪极端波动，从抑郁到狂躁，影响日常功能。

⑥强迫症：强迫思维或行为，如反复检查、洗涤，影响日常生活。

⑦边缘人格障碍：情绪不稳定、冲动行为，恐惧被抛弃。

⑧社交恐惧症：在社交场合中感到极度紧张或恐惧，避免社交活动。

3. 心理健康问题的识别与预防

①心理健康问题的识别：了解个体心理状态的周期节律性、意识水平、心理活动耐受力等8个方面，有助于识别心理问题。个体应关注自身情绪变化和心理状态，及时识别心理问题的早期迹象。

②健康生活习惯：保持规律的作息时间，均衡饮食，适量运动，保证充足睡眠，这些习惯有助于维持心理健康。

③情绪表达与管理：学会表达和处理情绪，避免压抑或不合理发泄。情绪管理包括转移注意力、拒绝完美主义、做好情绪的宣泄与表达等方法。

④社交互动：保持积极的社交活动，建立健康的人际关系，这有助于提供社会支持，增强个体的心理韧性。

⑤压力管理：学习有效的压力管理技巧，如冥想、瑜伽、深呼吸等，有助于缓解压力，提高应对挑战的能力。

⑥专业咨询：遇到心理困扰时，及时寻求专业心理咨询师的帮助。专业心理咨询师具备相关心理专业背景和资质，能够提供有针对性的心理健康教育和危机干预。

⑦三级预防策略：在精神障碍的预防中，可采用一级预防（病因预防）、二级预防（早期发现、早期诊断、早期治疗）和三级预防（防止疾病复发和促进康复）的策略，这些策略同样适用于心理健康的维护。

4. 心理咨询及心理健康热线

面对心理困扰时，寻求专业心理咨询师的帮助是非常重要的。在中国，您可以通过各地的医疗卫生机构、专业心理咨询中心或在线平台获得专业的心理咨询服务。确保选择具有专业资质认证的咨询师，以获得有效的心理支持。寻找专业心理咨询师的指南：

①医疗机构：许多综合医院和精神专科医院都设有心理门诊，由具有医学背景的心理医生提供专业服务。

②高校心理咨询中心：许多高校如北京大学、中国科学技术

大学等均设有学生心理健康教育与咨询中心，为学生提供专业的心理咨询服务。

③专业咨询机构：选择具有良好声誉的专业心理咨询机构，这些机构的咨询师通常拥有丰富的专业背景和实践经验。

④社区服务：一些社区提供心理健康服务，包括咨询和教育活动，您可以向当地社区咨询相关信息。

⑤企业EAP服务：如果您的工作单位提供员工援助计划（EAP），您可以通过该计划获得专业心理咨询服务。

心理咨询服务内容：服务通常包括心理健康教育、心理咨询、心理危机干预等，旨在帮助有心理困扰的个体获得情绪疏导和心理支持。

⑥心理援助热线：中国各地均设有心理援助热线，如卫生健康热线12320、全国青少年心理咨询热线12355、全国妇女儿童心理咨询热线12338等，为公众提供及时的心理支持和干预。

⑦地方心理咨询热线：不同省市设有各自的心理咨询热线，如北京市心理危机干预热线010-82951332、天津市心理援助热线022-88188858，以及各省市根据需求设立的其他热线服务。

⑧在线心理咨询平台：随着互联网的发展，在线心理咨询平台提供了便捷的服务，如壹点灵，使心理咨询更加易于获取。

5. 心理健康教育和自我帮助资源

积极参与心理健康教育活动，如心理健康知识讲座、工作坊和线上课程，对提升自我帮助能力至关重要。

①心理健康知识讲座：定期参与由专业心理咨询师或心理学家举办的心理健康知识讲座，可以增进对心理健康的了解，学习情绪管理和压力调节的技巧。例如，南开大学学生心理健康指导

中心举办的心理健康教育讲座,旨在促进学生心理健康意识和心理调节能力。

②工作坊和互动活动:通过参与心理健康工作坊,如情绪调节工作坊、自我认知工作坊等,可以在实践中学习如何更好地理解自己的情感和行为模式。山东中医药大学举办的"五育润心MALL"活动,通过综合体验活动引导学生珍爱生命、关爱自我。

③线上课程和远程教育:利用在线教育平台,如中国大学MOOC等,学习心理学基础、情绪管理、压力调节等课程。这些课程通常由专业教师授课,覆盖理论知识和实用技能,有助于提升自我帮助能力。

④自我帮助类应用程序:市面上有许多应用程序提供心理健康支持,如冥想指导、情绪日记、压力管理工具等。这些应用程序可以在日常生活中提供即时的心理调适和压力管理方法。

6. 宠物辅助治疗资源

宠物辅助治疗是一种将经过特殊训练的动物纳入病患治疗过程中的辅助医学方法,它在改善和维持病弱或残障人士的身体状况以及增强个体心理素质方面发挥着重要作用。在中国,宠物辅助治疗正逐渐得到认可和发展。例如,中国治疗犬公益项目的发起人吴起,通过推动PFH治疗犬公益项目,已经让300多只治疗犬服务10万多人次,帮助老人、特殊儿童等群体加强与外部世界的互动交流,丰富他们的生活。

宠物辅助治疗的效果得到了科学证据的支持。研究发现,与宠物互动可以减少压力,并增强与放松和集中注意力相关的脑波能力。此外,宠物治疗已被用于治疗自闭症、认知症、焦虑症及抑郁症患者，通过宠物的陪伴，降低人内心的孤独感，增强他们的互动意愿。

治疗犬的培养是一个长期且专业的过程，包括社会化、服从性训练、去敏感化和学习互动才艺等。治疗犬在活动中没有出现过任何意外情况，这得益于严格的流程管控和专业人员的引导。

宠物辅助治疗不仅是一种医疗手段，也是一种公益志愿行动。目前已有多个公益组织和项目在推动宠物治疗服务，如亚洲动物基金的"狗医生"项目，以及吴起的"治愈之爪"行动，通过宠物与人的互动传递爱与关怀。

附录三：构建和谐人宠生态的倡议

在现代社会，宠物已悄然成为众多家庭不可或缺的温馨伴侣，它们的陪伴不仅为生活增添色彩，更在无形中对我们的身心健康产生了积极影响。然而，随着宠物数量的不断壮大，如何在繁忙、喧嚣的城市空间中，实现人和宠物和谐共融，成为摆在我们面前的一道必答题。本倡议抛砖引玉，提出一系列措施与构想，旨在搭建起养宠与非养宠群体间理解和尊重的桥梁，携手共创一个更加和谐、宜居的生活环境。

1. 深化对宠物角色的多维理解

宠物，承载的远不止简单的陪伴二字。它们如同心灵的按摩师，以无言的温柔抚平焦虑与抑郁的皱褶，对人类的身心健康具有积极影响，提升人们的幸福感。在"独居浪潮"席卷而来的当下，宠物更是成为众多"一人户"家庭的情感寄托。对于老年人而言，它们用忠诚与陪伴，为孤独的心灵筑起了一座温暖的避风港。对于儿童来说，宠物是学习责任感和同情心的好伙伴。此外，宠物还扮演着治愈者的角色，其辅助治疗的力量，正被越来越多的科学研究所证实，对心理健康有积极的疗愈作用。因此，我们呼吁社会各界，以更加开放和包容的心态，重新审视并珍视宠物在人类生活中的独特价值，将这份关爱融入城市规划与社区建设的每一个细节之中。

2. 完善城市宠物的友好设施

城市规划者应当深入考虑宠物的实际需求，精心打造宠物友好的公共空间。想象一下，在绿意盎然的公园和社区绿地中，设立专属的宠物乐园，那里不仅有安全的围栏守护着每一只小生命，还配备有便捷的清洁站和贴心的宠物饮水点。此外，城市道路也应被赋予新的使命，规划出宠物专属的步行道和休息区域，让宠物与行人在各自的天地里悠然自得，互不干扰。商业区域更应紧跟潮流，鼓励设置宠物友好的设施，如设置宠物寄存处和宠物也能安心享受的餐饮店，共创和谐、宜居环境。

3. 提升养宠人群的文明意识

养宠人群应当自觉成为文明养宠的践行者，按时为宠物接种疫苗、办理宠物登记证，这是责任也是关爱。在公共场合，一条小小的牵引绳，不仅是对宠物的约束，更是对他人的尊重。同时，我们还应致力于培养宠物良好的行为习惯，让它们成为社区的文明使者，不在公共设施上留下痕迹，不成为邻里的困扰。社区和宠物协会可以携手合作，定期举办宠物行为训练课程，让养宠人群在学习的道路上不断前行，共同提升养宠素质。

4. 加强法律法规的宣传教育

政府和相关部门应加大宠物相关法律法规的宣传力度，提高公众的法律意识。通过媒体、社区活动、学校教育等多种渠道，将宠物权利和责任的知识普及到千家万户，让养宠人群和非养宠人群都能成为知法、懂法、守法的公民。对于违反宠物管理规定的行为，依法予以严肃处理，以维护社会的良好秩序和环境卫生。

5. 推动宠物友好型商业模式

商业机构和零售商应积极响应宠物友好型商业模式的号召，为养宠人群提供更加贴心的服务。例如，商场可以设置宠物推车或宠物休息区，餐饮店可以提供宠物菜单或户外宠物就餐区。此外，宠物产品和服务的提供商也应不断创新，满足宠物及其主人的多样化需求。

6. 促进养宠与非养宠群体的相互理解

社区和社会组织应成为养宠与非养宠人群之间的桥梁，通过举办宠物主题活动、宠物知识讲座等方式，增进彼此之间的了解和友谊。在这些活动中，非养宠人群可以近距离接触宠物，感受它们的可爱与温驯；而养宠人群也能更加深刻地认识到在社区中养宠的责任和义务。两个群体共同创造一个更加和谐、包容的社会环境。

7. 激发宠物领域的科研与技术革新

在构筑人宠和谐共生的美好愿景中，科学研究与技术创新的双轮驱动不可或缺。我们呼吁高校、科研机构及企业界携手并进，深耕宠物行为学、宠物心理学及宠物医疗健康等前沿领域，致力于解锁宠物与人类互动的新密码，并探索提升宠物生活品质的创新路径，借助现代科技的力量，如智能器、智能宠物用品等，提高宠物管理的效率和安全性。

8. 建立宠物福利与保护机制

宠物，作为社会大家庭中不可或缺的一员，福祉与保护是社会文明进步的重要标志。因此，政府与社会各界应携手合作，共同构建一套完善的宠物福利与保护机制。我们不仅要为流浪宠物撑起一片爱的天空，通过救助行动给予它们温暖的家，更要对虐待宠物的恶行坚决予以打击。同时，加强对宠物市场的监管力度，规范宠物繁殖与交易行为，确保每一只宠物都拥有合法、健康的出身，让爱宠之路更加光明与安心。